뢰머가 들려주는 광속 이야기

뢰머가 들려주는 광속 이야기

초　판　1쇄 발행일 | 2005년 8월 29일
개정판　1쇄 발행일 | 2010년 9월 1일
개정판 11쇄 발행일 | 2021년 5월 28일

지은이 | 송은영
펴낸이 | 정은영
펴낸곳 | (주)자음과모음

출판등록 | 2001년 11월 28일 제2001－000259호
주　　소 | 04047 서울시 마포구 양화로6길 49
전　　화 | 편집부 (02)324－2347, 경영지원부 (02)325－6047
팩　　스 | 편집부 (02)324－2348, 경영지원부 (02)2648－1311
e－mail　| jamoteen@jamobook.com

ISBN 978－89－544－2043－3 (44400)

뢰머가 들려주는

광속 이야기

| 송은영 지음 |

(주)자음과모음

뢰머를 꿈꾸는 청소년을 위한 '광속' 이야기

세상에는 두 부류의 천재가 있다고 합니다.

한 부류는 창의적인 사고가 너무도 기발하고 독창적이어서, 우리와 같은 평범한 사람들은 결코 따라갈 수 없는 천재입니다. 그리고 또 한 부류는 우리도 끊임없이 노력하면 그와 같이 될 수 있을 것 같은 천재입니다.

앞의 예로는 아인슈타인이 대표적입니다. 이런 사람은 한 세기에 한 명 나올까 말까 한 천재적인 두뇌를 지니고 있는 천재로, 인류 문명에 새로운 물꼬를 혁명적으로 터 주었지요. 그러면 우리도 될 수 있을 것 같은 천재들이 그 뒤를 이어서 인류 문명에 새로운 활력을 왕성하게 심어 넣어 준답니다.

아인슈타인은 말할 것도 없고, 우리도 될 수 있을 것 같은 천재들에게서 남다르게 나타나는 것은 '빛나는 창의적 사고' 입니다.

이 책에서는 빛의 속도인 광속에 대해서 이야기하고 있습니다. 옛사람이 생각한 광속에서부터 시작해, 광속이 유한하다는 걸 최초로 인지한 과학자가 누구이며, 과학자들이 광속을 측정하기 위해서 어떠한 노력을 기울여 왔는지를 배우게 됩니다. 그리고 광속이 유한하기 때문에 빚어지는 여러 신기한 현상도 접하게 되지요.

뿐만 아니라, 아인슈타인이 광속을 어떻게 한정지었는지를, 광속에 이르면 어떤 기묘한 현상들이 발생하는지를 알게 됩니다. 그리고 한 걸음 더 나아가, 광속 이상으로 빨라지면 어떤 일이 벌어지는지 등의 흥미로운 내용도 만날 수 있습니다.

늘 빛진 마음이 들도록 한결같이 저를 지켜봐 주시는 여러분과 이 책이 나오는 소중한 기쁨을 함께 나누고 싶습니다. 책을 예쁘게 만들어 준 (주)자음과모음 식구들에게 감사함을 전합니다.

송 은 영

차례

부록

첫 번째 수업

1

광속, 무한이냐 유한이냐?

광속은 무한일까요, 유한일까요?
레오나르도 다빈치는 빛을 왜 중요하게 여겼을까요?

1

첫 번째 수업

광속, 무한이냐 유한이냐?

교과연계		
고등 물리 I	1. 힘과 에너지
고등 물리 II	1. 운동과 에너지
고등 지학 I	3. 신비한 우주
고등 지학 II	4. 천체와 우주

뢰머가 아리스토텔레스에 대한 이야기로 첫 번째 수업을 시작했다.

아리스토텔레스와 광속

빛은 우주가 탄생하는 순간부터 현재와 같은 엄청난 속도로 내달렸지요.

그러한 빛의 속도에 대해서 과학적으로 접근한 최초의 인물은 아리스토텔레스(Aristoteles, B.C.384~B.C.322)입니다. 아리스토텔레스는 고대 그리스의 학문을 체계적으로 정리하고 완성한 위대한 학자이지요.

빛의 속도를 광속이라고 하는데, 아리스토텔레스는 광속이

최고라고 호언장담했지요.

"이 세상에서 가장 빠른 것은 빛입니다. 빛보다 빨리 달릴 수 있는 건 없지요. 광속은 무한하니까요."

사실, 우리가 보아도 빛은 굉장히 빠르지요. 일상에서 보면, 어슷비슷한 상대조차 찾기가 어려운 존재이지요.

그렇습니다. 빛은 눈 깜짝할 사이에 지구 어느 곳이라도 순

식간에 도달할 수가 있답니다. 빛에 대한 아리스토텔레스의 주장이 설득력을 얻을 수밖에 없는 이유이지요.

헤론과 광속

광속이 무한하다면, 그걸 지지할 만한 이유나 근거를 대어야 합니다. 그래야 모든 사람이 납득하게 되니까요.

아리스토텔레스가 살던 시대에 오늘날과 같은 고도의 정밀 측정 기기가 있었을 리가 없었겠지요. 광속을 정밀하게 측정할 만한 실험 기기가 있었을 리 만무하다는 말입니다. 그러니 머릿속 생각이나 감각에 절대적으로 의지하는 방식으로 광속의 무한성을 펼쳐 나가야 했는데, 그 대표적인 인물이 헤론(Heron, ?~?)입니다.

헤론은 헤론의 분수와 삼각형의 면적을 구하는 '헤론의 공식'으로 널리 알려진 물리학자이자 수학자입니다. 헤론은 다음과

같은 방식으로 광속의 무한성을 유도해 내었습니다.

밤하늘을 바라보아요.

형형색색의 별들이 무수하게 매달려 있어요.

별들은 엄청나게 멀리 떨어져 있어요.

눈을 감아 보아요.

별이 보이지 않아요.

눈꺼풀이 빛을 차단하기 때문이에요.

그러나 눈꺼풀을 들어올려 보아요.

들어올리자마자 별이 보여요.

별빛이 내 눈까지 오는 데 거의 시간이 걸리지 않았다는 뜻이에요.

별빛이 굉장히 빠르다는 명백한 증거예요.

광속이 무한하다는 말이지요.

광속에 대한 이러한 믿음은 당시의 모든 사람에게 공통된 것이었고, 르네상스 시대까지 당연하게 전해졌답니다.

르네상스와 레오나르도 다빈치

르네상스는 14세기 이탈리아에서 시작해 유럽 곳곳으로 퍼져 나간 문화 운동이었습니다. 서양의 역사가 중세에서 근세로 넘어가는 훌륭한 징검다리였지요. 르네상스는 '재생(rinascita)'

을 의미한답니다.

르네상스 이전의 서양 학문은 오로지 신학만을 위한 것이었다고 해도 지나치지 않았습니다. 문학이건 과학이건, 신학 위에 올라설 수가 없었지요. 모든 학문은 오로지 신학을 높여 주기 위한 주춧돌에 불과할 따름이었지요. 신학이란 종교에 관한 전반적인 내용을 가르치고 배우는 학문이라고 보면 됩니다.

그러다 보니 학문을 자유롭게 공부하기가 어려웠습니다. 신학이 지시하는 정형화된 틀 안에서만 연구가 가능했으니까요. 반면, 서양의 시민들은 오랫동안 변화와 발전에 몹시 목말라했지요. 그래서 르네상스라고 하는 변화와 발전의 바람이 자연스레 일어난 겁니다.

르네상스는 유럽 사람들에게 새롭게 부흥할 수 있다는 뜻

깊은 희망을 안겨 주었습니다. 문예 부흥이라는 찬란한 꽃이 마침내 피어나기 시작한 것입니다. 권위보다는 합리가, 허위보다는 실증이, 독선보다는 보편적 사고가 점차 자리 잡아 나갔고, 그 중심에 레오나르도 다빈치가 있었습니다.

레오나르도 다빈치와 눈

레오나르도 다빈치(Leonardo da Vinci, 1452~1519), 그는 누가 뭐라고 해도 르네상스를 대표하는 최고의 학자이지요.

레오나르도 다빈치에게 그림은 가장 중요한 예술이었습니다. 레오나르도 다빈치는 이렇게 말했지요.

"그림은 자연을 표현하는 것입니다. 그런 만큼 자연 과학과 수학을 철저히 공부할 필요가 있습니다."

레오나르도 다빈치가 물리학에서부터 기하학에 이르는 폭넓은 공부와 연구를 했다는 것은 익히 알려진 사실이지요. 레오나르도 다빈치는 그중에서도 광학에 특히 관심을 가장 많이 쏟았답니다. 그림을 훌륭히 그리려면 빛과 그걸 감지하는 눈에 대해서 정확하게 알 필요가 있었기 때문입니다. 그래서 레오나르도 다빈치는 우리의 신체 기관 가운데 눈을 가

장 극찬했답니다.

“눈은 자연에 무한히 담겨 있는 경이로운 작품들을 이해하게 해 주는 ‘영혼의 창’입니다.”

레오나르도 다빈치와 빛

눈으로 자연의 아름다움을 만끽하려면, 빛을 빼놓고는 이야기할 수가 없겠지요.

레오나르도 다빈치는 광속에 대해 헤론과는 다소 다른 견해를 갖고 있었는데, 그는 광속의 특성을 다음과 같은 식으로 유도해 내었습니다.

저기 둥근 보름달이 휘영청 떠 있어요.

달은 지구를 벗어나 있는 천체예요.

그러니 상당히 멀리 떨어져 있는 거예요.

눈을 감았다가 잠시 후에 떠 봐요.

보름달이 훤하게 보여요.

그러나 보름달이 즉각 보이기는 해도,

보이기까지 시간 차이가 아주 없는 것은 아니에요.

눈을 뜬 다음에 보름달이 다시 눈에 들어오기까지,

아주 짧은 순간이지만 여하튼 시간이 걸리지요.

레오나르도 다빈치가 내린 이와 같은 결론이 뜻하는 게 무엇이겠어요? 그래요. 광속이 무한하지 않다는 겁니다. 즉, 광

속은 유한하다는 겁니다.

아리스토텔레스와 헤론은 둘 다 광속이 무한하다고 주장했지요. 그런 반면에 레오나르도 다빈치는 광속이 유한하다고 본 것입니다.

자, 어느 쪽 주장이 맞을까요? 뒤에 계속해서 이어지는 글들에 그 답이 또렷이 들어 있답니다.

만화로 본문 읽기

사실, 우리가 보아도 빛은 굉장히 빠릅니다. 일상에서 비슷한 상대조차 찾기가 어렵지요. 빛은 눈 깜짝할 사이에 지구 어느 곳이라도 도달할 수 있을 정도이니 아리스토텔레스의 주장이 설득력을 얻을 수밖에요. 그런데 광속이 무한하다면 그걸 지지할 만한 이유나 근거가 있어야겠죠?

과거엔 오늘날과 같은 고도의 정밀 측정 기기가 없었으니 광속을 측정할 수 있었을 리 없었겠죠? 그러니 머릿속 생각이나 감각에 의지하는 방식으로 광속의 무한성을 펼쳐 나가야 했는데, 그 대표적인 인물이 헤론입니다. 헤론은 분수와 삼각형의 면적을 구하는 헤론의 공식으로 널리 알려진 물리학자이자 수학자로, 광속의 무한성을 유도해 내었습니다.

딱

NASA

두 번째 수업

2

갈릴레이, 광속을 간파하다

빛의 속도는 과연 측정할 수 있을까요?
처음 광속을 측정하려고 했던 사람은 누구일까요?

2

두 번째 수업

갈릴레이, 광속을 간파하다

교과 연계

고등 물리 Ⅰ	1. 힘과 에너지
고등 물리 Ⅱ	1. 운동과 에너지
고등 지학 Ⅰ	3. 신비한 우주
고등 지학 Ⅱ	4. 천체와 우주

뢰머가 갈릴레이에 대한 이야기로
두 번째 수업을 시작했다.

갈릴레이, 레오나르도 다빈치 편에 서다

갈릴레이(Galileo Galilei, 1564~1642)는 고전 물리학의 개척자이지요.

뿐만 아니라, 근대 과학의 기틀을 탄탄히 다져 놓은 과학자입니다. 갈릴레이는 광속에 대해서 이러한 믿음을 갖고 있었습니다.

"빛의 속도는 무한하지 않다."

갈릴레이는 광속에 대해, 아리스토텔레스나 헤론보다는 레

오나르도 다빈치의 견해를 따르고 있었던 겁니다.

광속의 무한성에 반기를 들고 레오나르도 다빈치의 편에 서게 된 논리를, 갈릴레이는 이렇게 표현하고 있습니다.

빛은 분명 엄청나게 빨라요.
하지만 인간의 지적 능력을 벗어나는 정도는 아니에요.
측정할 수 없을 정도로 무한히 빠른 건 아니라는 말이에요.
그래요, 광속은 유한해요.

그래서 능히 잴 수가 있어요.

어느 정도 거리를 두고서 측정하면 광속을 구할 수 있단 의미예요.

갈릴레이는 이러한 신념에 따라서 광속을 측정하는 실험에 들어갔습니다.

갈릴레이의 광속 측정 시도

유난히 어두운 밤이었습니다. 갈릴레이와 그의 제자가 미리 준비한 통을 하나씩 들고서 약속한 봉우리에 각자 올랐습니다.

"준비되었나?"

갈릴레이가 목청껏 외쳤습니다.

"그렇습니다, 스승님."

제자도 목이 터져라 대답했습니다.

"내가 곧 빛을 방출할 거다."

"알겠습니다."

갈릴레이는 들고 있던 통을 번쩍 들어올렸습니다. 그러고는 통 앞쪽을 가리고 있던 나무틀을 벗겨 내었습니다. 나무통에서 불빛이 번쩍 하고 나오더니 캄캄한 밤하늘을 날카롭게 가르며 퍼져 나갔습니다. 제자도 그 빛을 보자마자, 스승이 했던 대로 통 앞을 가리고 있던 나무를 날렵하게 벗겨 내었습니다. 불빛은 빠르게 뻗어 나갔습니다.

갈릴레이는 자신이 들고 있는 통에서 빛이 나간 순간부터 제자의 통에서 나온 빛을 보기까지의 시간을 최대한 재빠르고도 정밀하게 재었습니다.

여기서 사고 실험을 해 보겠습니다. 사고 실험이란, 머릿속에서 결론을 이끌어 내는 창의력과 사고력을 쑥쑥 키워 주는 생각 실험이지요.

사고 실험에 대한 설명은, 《아르키메데스가 들려주는 부력 이야기》, 《레오나르도 다빈치가 들려주는 양력 이야기》 등의 여러 글에서 이미 상세히 이야기한 바가 있기에 여기서는 이 정도로 넘어가도록 하겠습니다.

봉우리 사이의 거리는 이미 알고 있어요.

그리고 불빛이 봉우리를 오간 시간은 측정해서 알고 있어요.

이 두 결과를 가지고 빛의 속도(광속)를 알아내어야 해요.

거리와 시간을 이용해서 속도를 알려면,

그래요, 속도 공식을 이용하면 됩니다.

속도 공식은 거리를 시간으로 나누면 되니까요.

$$속도 = \frac{거리}{시간}$$

갈릴레이는 속도 공식에, 이미 측정해서 알고 있는 거리와 시간을 대입해서 광속을 계산했습니다. 그러나 만족스럽지가 않았습니다. 빛은 눈 깜짝할 사이의 빠르기로 날고 있는데, 계산으로 얻은 광속은 눈으로 충분히 따라갈 수 있는 속도였습니다. 이건 잘못되어도 단단히 잘못된 결과였습니다.

갈릴레이는 고민했습니다.

"너무도 터무니없는 값이다. 왜 이런 어처구니없는 결과가 나온 걸까? 대체 그 이유가 무얼까?"

갈릴레이가 이 고민으로부터 내놓은 방안은 다음과 같은 것이었습니다.

"봉우리 사이를 넓혀 보면 어떨까?"

갈릴레이는 보다 멀리 떨어진 두 봉우리를 찾았습니다. 그

러고는 앞과 동일한 방식으로 실험을 했습니다. 하지만 결과가 만족스럽지 못하기는 매한가지였습니다. 봉우리 사이의 거리는 상당히 벌어졌으나, 실험에서 구한 광속은 앞 실험과 별로 달라진 게 없었습니다.

"이 정도로도 부족하단 말인가?"

갈릴레이는 거리가 더 떨어진 봉우리를 찾아서 똑같은 실험을 반복했습니다. 하지만 만족스러운 실험 결과를 얻지 못하기는 마찬가지였습니다.

갈릴레이는 한계에 부딪쳤고, 그 시점에서 실험을 접어야 했습니다.

아리스토텔레스와 갈릴레이가 다른 점

아리스토텔레스와 갈릴레이는 걸출한 업적을 쌓은 위대한 학자들입니다. 그리고 그들의 업적이 학문의 기초를 굳건히 다지는 데 상당한 기여를 했다는 공통점을 갖고 있기도 합니다. 그러나 아리스토텔레스와 갈릴레이가 과학적 업적을 쌓은 방법은 달랐습니다.

아리스토텔레스는 이론적인 접근에 충실해서 과학적 진실

에 다가서려고 했습니다. 실험적 측면을 그다지 중시하지 않았다는 겁니다. 반면, 갈릴레이는 머릿속에서 이끌어 낸 결과를 실험으로 재차 검증하면서 자연의 비밀을 올바르게 설명하려고 했습니다. 그래서 실험 결과와 어긋나는 건 수정해서 한층 튼실한 이론으로 보완해 나갔지요.

자연을 바라보는 이러한 태도가 광속 실험에도 그대로 나타났지요. 아리스토텔레스는 머릿속으로만 광속을 그려 내는 데 그친 반면, 갈릴레이는 실험으로 확인해서 오류를 바로잡아 나가려고 했지요.

과학을 연구하는 데는 이론적인 측면도 중요하고, 마찬가지로 실험적인 측면도 중요합니다. 그러나 이들이 서로 떨어

져서 나 몰라라 하며 제 갈 길을 간다면 과학의 발전은 더딜 수밖에 없습니다. 아니, 잘못하다간 과학의 발전이 아득히 멀어질 수도 있습니다. 이론과 실험이 어우러졌을 때, 자연의 진실에 다가서려는 노력은 한층 빠르게 가시적인 성과를 풍성히 거둘 수 있답니다.

만화로 본문 읽기

갈릴레이는 나무를 가리고 있던 통 앞쪽을 벗겨 내어 불을 비추고, 그 빛을 본 제자가 다시 불빛을 비춘 후, 자신의 통에서 빛이 나간 순간부터 제자의 통에서 나온 빛을 보기까지의 시간을 최대한 재빠르고도 정밀하게 재었었죠.

슉

하나, 둘, 셋

깜빡

세 번째 수업

3

갈릴레이의 광속 실험과 관련하여

갈릴레이가 광속 측정에 실패한 이유는 무엇일까요?
광속을 측정할 수 있는 방법이 있을까요?

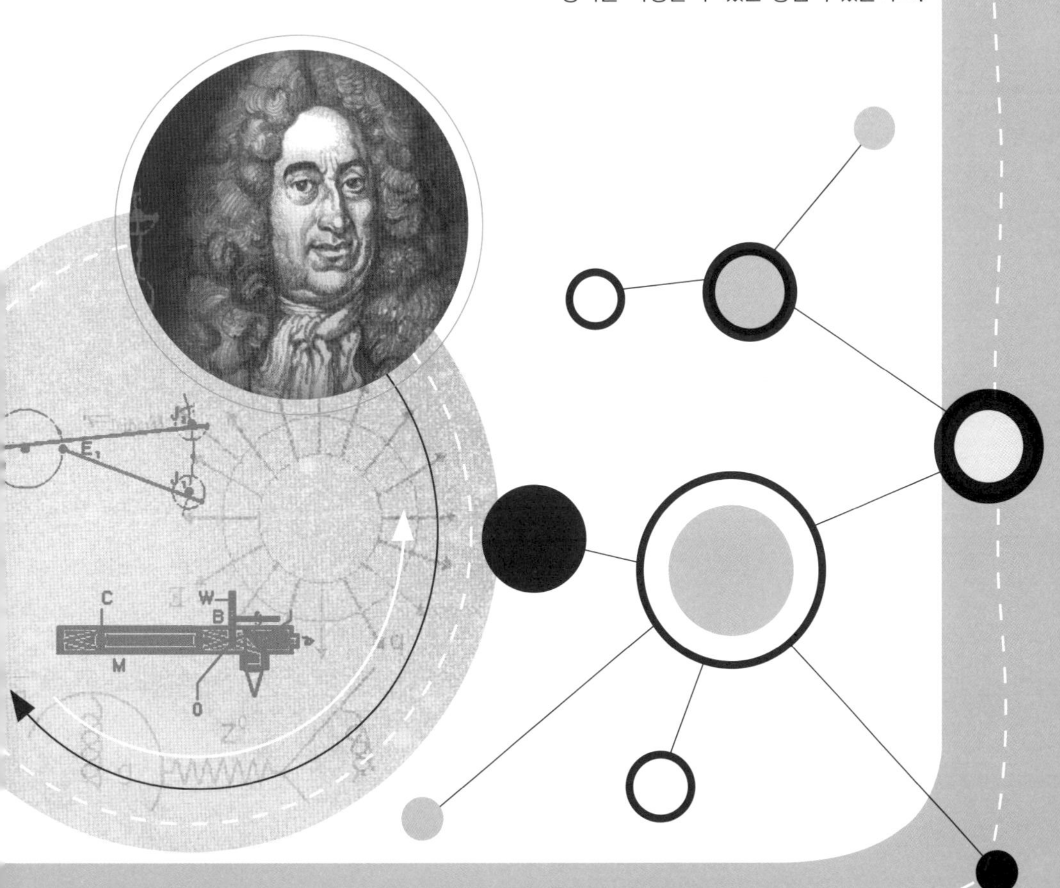

3

세 번째 수업

갈릴레이의 광속 실험과 관련하여

교과연계		
	고등 물리 I	1. 힘과 에너지
	고등 물리 II	1. 운동과 에너지
	고등 지학 I	3. 신비한 우주
	고등 지학 II	4. 천체와 우주

뢰머는 갈릴레이가
좋은 결과를 얻지 못한
까닭에 대해 설명하면서
세 번째 수업을 시작했다.

아쉬움이 큰 갈릴레이 실험

갈릴레이는 광속이 무한하지 않다는 걸 입증하려고 실험을 했습니다. 그랬는데 너무도 동떨어진 결과를 얻고야 말았지요. 왜 그랬을까요?

갈릴레이의 실험은 참으로 아쉬움이 큰 도전이었습니다. 그러나 현실적으로 어쩔 수 없이 한계에 부딪칠 수밖에 없는 것이기도 했습니다. 갈릴레이가 택한 방식으로 실제 광속에 가까운 결과를 얻는다는 건 결코 불가능한 일이지요.

여기서 사고 실험을 해 보겠습니다.

갈릴레이가 적용한 속도 공식은 전혀 문제가 없어요.
속도는 거리를 시간으로 나눈 것이라고 정의한 것이 속도 공식이니까요.
그렇다고 갈릴레이가 계산을 틀리게 한 것도 아니에요.
갈릴레이 같은 위대한 물리학자가 식은 죽 먹기나 다름없는 나눗셈 하나 제대로 못하겠어요?
더구나 갈릴레이는 그 계산을 수차례나 반복하면서 확인하고 또 확인했어요.
그렇다면 거리와 시간에 문제가 있다고 보아야 할 거예요.
봉우리 사이의 거리는 완벽하게 정확하다고는 할 수 없어요.

하지만 여러 차례에 걸쳐서 정밀하게 측정했어요.

더구나 봉우리는 정지해 있지요.

그래서 거리를 재는 데도 그다지 어려움은 없어요.

봉우리 사이의 거리는 큰 문제가 될 게 없다는 말이에요.

반면, 시간은 거리와는 상황이 달라요.

빛은 봉우리처럼 한곳에 늘 멈추어 있질 않아요.

잠시도 쉴 틈 없이 움직여요.

그것도 엄청 빠르게 말이에요.

멈추어 있는 것보다 움직이는 것은 측정하기가 어려워요.

움직임이 빠르면 빠를수록 그러한 어려움은 더해져요.

봉우리 사이의 거리를 측정하는 것보다 빛이 내달리는 시간을 측정하기가 더욱 어려운 거예요.

그렇습니다. 갈릴레이의 실험에 큰 오차가 생길 수밖에 없었던 이유는 빛이 내달리는 시간을 정확히 측정하질 못했기 때문입니다.

보다 멀리 떨어진 봉우리를 찾아서

빛이 내달리는 시간을 정확히 측정하지 못했다는 건 실험 과정에 문제가 있었다는 말이기도 합니다.

갈릴레이와 제자가 어떻게 광속 실험을 했는지 떠올리면서 사고 실험을 하겠습니다.

갈릴레이와 그의 제자는 나름대로는 빠르게 시간을 재려고 노력했어요.

불빛이 그들 사이를 왕복할 때까지의 시간을 말이에요.

그러나 생각만큼 만족스러운 결과를 얻지는 못했어요.

빠르기의 기준에 차이가 있기 때문이에요.

빠르다는 것은 상대적인 거예요.

100m를 14초에 달린다고 해 봐요.

이 기록은 초등학생에게는 상당히 빠른 거예요.

그러나 국가 대표 육상 선수에게는 그렇지가 않아요.

아주 형편없는 기록이지요.

너무도 느린 기록이어서, 이 기록으로는 올림픽에도 출전할 수가 없어요.

갈릴레이와 그의 제자가 실험하면서 취한 일련의 과정과 동작도 이와 크게 다르지 않다고 보면 돼요.

갈릴레이는 나무틀을 벗겨 내고, 제자의 불빛을 확인한 후에 시간을 측정했어요.

갈릴레이의 이러한 동작이 평소 그의 행동보다 엄청나게 빨랐을지는 몰라요.

하지만 광속과 비교하면 아무것도 아니라는 거예요.

모자라도 한참 모자라는 느린 행동이에요.

갈릴레이가 나무틀을 들어올리고 나서 시간을 측정하기까지는 아무리 못 걸려도 1초는 족히 걸렸을 거예요.

1초, 우리의 삶에선 아주 짧은 시간이에요.

그야말로 눈 한 번 깜빡하는 순간이니까요.

하지만 이것이 빛의 입장에서도 짧은 시간이냐는 게 문제예요.

빛은 1초 동안에 30만 km를 날아갑니다. 30만 km라면, 큰 수이긴 큰 수인 것 같은데 비교 대상이 없으니까 감이 잘 오지 않습니다.

지구 둘레는 4만 km쯤 됩니다. 지구에서 가장 긴 거리이지요. 그러나 빛이 1초 동안에 내달리는 거리에 비해서는 한참 못 미치는 거리입니다. 30만 km를 4만 km로 나누면, 7.5가 나옵니다. 7.5는 지구 둘레의 7바퀴 반을 의미합니다. 1초 동안에 빛이 지구를 7바퀴 반 돈다는 얘기이지요.

지구를 7바퀴 반 돌 수 있는 시간, 결코 짧다고 볼 수 없는 시간입니다. 우리에겐 1초라는 시간이 눈 깜짝할 순간일지는 몰라도 빛에게는 결코 짧은 시간이 아닌 겁니다.

사고 실험을 이어 가겠습니다.

갈릴레이와 그의 제자가 이어서 나무통 가리개를 들어올리고 시간

을 측정하는 데까지 1초가 걸렸다는 건

사람의 입장에선 느리지 않은 거예요.

갈릴레이도 그러한 동작에 뿌듯해했어요.

실험의 성격상, 동작이 민첩할수록 결과가 좋게 나올 테니까요.

갈릴레이는 그러한 시간 동안,

빛이 그들 사이를 한 번 왕복했을 거라고 믿었어요.

물론, 그의 제자도 그렇게 믿었어요.

그러나 정말 그런가요?

빛은 1초 동안에 지구를 7바퀴 반 돌잖아요.

그러니까 갈릴레이가 빛이 한 번 왕복했을 거라고 믿었던 그 시간 동안, 실제로는 지구를 7바퀴 반이나 돈 거였어요.

결과적으로 갈릴레이의 생각이 틀린 거예요.

판단을 잘못해도 이만저만 잘못한 게 아니에요.

빛의 입장에서 보면, 갈릴레이의 생각이 얼마나 우스웠겠어요.

수천 번, 아니 수만 번 이상을 왔다 갔다 했을 텐데,

그런 줄도 모르고 겨우 한 번 왕복했다고 믿었으니까요.

갈릴레이도 뒤늦게나마 자신의 판단이 옳지 않다는 걸 간파했어요.

그래서 사이가 더 멀리 떨어진 봉우리를 찾아서 실험을 한 거예요.

그러나 이걸로도 충분하지가 않았어요.

눈 깜짝할 사이, 빛은 지구 어느 곳이라도 순식간에 도달하니까요.

갈릴레이의 변명과 사고의 한계

과학을 하면서 마구잡이는 통용이 안 돼요. 아무 생각 없이 그냥 마음 내키는 대로, 이렇게도 찔러 보고 저렇게도 찔러 보는 식은 안 된다는 말이에요. 그런 식으로 자연의 비밀에 다가서겠다고 하는 발상은 일찍 접는 게 좋아요. 아무런 소득 없이 힘과 시간만 낭비하는 꼴이 될 테니까요.

광속 측정에 적당한 봉우리를 찾는 것도 이와 마찬가지예요. 이쯤이면 될 것 같은데, 하는 식으로 거리를 잡아서는 올바른 값에 다가서기가 어렵답니다. 갈릴레이가 여러 봉우리를 놓고 수차례 실험을 했어도 제법 마음에 들 만한 답을 얻지 못한 것은 봉우리 사이의 거리를 짐작으로 어림잡았기 때문입니다.

그러나 다만, 갈릴레이의 경우에는 변명의 여지가 없진 않아요.

"내가 적당한 봉우리를 찾지 못하고 우왕좌왕한 데는 그만한 이유가 있답니다. 나는 광속이 유한하다는 사실만 알고 있었지, 광속이 어느 정도 빠른지에 대해서는 아는 게 거의 없었으니까요."

그렇습니다. 갈릴레이는 광속이 초속 500m인지, 초속 5km인지, 초속 1만 km인지, 초속 30만 km 이상인지를 전혀 몰랐던 겁니다. 광속의 올바른 값을 어느 정도라도 가늠할 수 있는 어떤 자료도 없었던 거지요. 그러니 갈릴레이의 변명을 이해해 줄 만도 한 겁니다.

하지만 우리는 광속이 내달리는 거리를 알고 있어요. 초속

30만 km라고요. 그러니 봉우리가 얼마나 떨어져 있어야 광속을 측정하는 데 적당한지를 가늠할 수가 있을 겁니다.

사고 실험으로 그 답을 찾아보도록 하겠습니다.

빛은 1초 동안에 지구를 7바퀴 반이나 돌아요.

봉우리를 이용해서 1초 안에 광속을 재려면,

봉우리 사이의 왕복 거리가 지구 둘레의 7바퀴 반은 되어야 해요.

왕복 거리는 봉우리 사이의 2배 거리예요.

그러니 봉우리 사이의 거리는 반으로 나누면 돼요.

7.5의 절반은 3.75이니, 봉우리 사이의 거리는 지구 둘레의 4배 가까이 되어야 한다는 말이에요.

갈릴레이는 적어도 그 정도는 떨어진 봉우리에서 실험을 했어야

해요.

그런데 그렇게 하질 않았어요.

아니, 할 수가 없었어요.

그런 봉우리를 지구에서는 찾을 수가 없었으니까요.

지구 둘레보다 4배나 먼 봉우리를 지구에서 찾으라는 건,

개미집에서 코끼리를 찾아내라는 소리나 마찬가지예요.

가능하지 않은 일이에요.

마땅한 봉우리를 찾을 수 없으니, 좋은 실험 결과를 얻을 수가 없어요.

갈릴레이가 아무리 실험을 해도 매번 광속과는 동떨어진 값을 얻을 수밖에 없었던 이유예요.

맞습니다. 갈릴레이의 광속 측정 시도는 애초부터 부정확한 답을 이끌어 낼 수밖에 없었답니다. 다음 시간에 광속을 측정하는 방법에 대해 더욱 자세히 알아보도록 해요.

그렇다면 해결책은 없는 걸까요?

과학자의 비밀노트

광속

빛의 빠르기를 말한다. 일반적으로 빛의 진동수와 전달되는 물질의 종류에 따라 다르나, 진공 속에서는 진동수에 관계없이 일정한 크기를 가진다. 그 값은 매초 약 30만 km, 정확하게는 299,792,458m/s라고 알려져 있다. 우리들이 사용하고 있는 척도로 환산해 보면 이 값은 굉장히 크지만, 우주적인 척도에서는 그다지 큰 것이 못된다.

예를 들면, 빛이 태양 이외의 가장 가까운 항성으로부터 지구까지 도달하는 데는 4년이 걸린다. 빛이 1년에 통과하는 거리 9.4605×1012km(약 10조 km)를 1광년이라 하며, 천문학적인 거리 측정 단위의 하나로 쓰고 있다. 광속은 물리학에서 중요한 상수의 하나로서 보통 c로 나타낸다.

만화로 본문 읽기

갈릴레이는 왜 실험에서 좋은 결과를 얻지 못했나요?
갈릴레이의 실험은 현실적으로 한계에 부딪칠 수밖에 없는 실험이었어요. 갈릴레이가 택한 방식으로 실제 광속에 가까운 결과를 얻는다는 건 결코 불가능한 일이기 때문이지요.

갈릴레이가 적용한 속도 공식에 문제가 있었나요?
그건 아니에요. 거리를 시간으로 나눈 것이 속도 공식이니까요. 그렇다고 갈릴레이가 계산을 틀리게 한 것도 아니었지요.
뭐가 문제지?

그럼 무엇이 문제였던 것이죠?
아마도 거리와 시간에 문제가 있었을 거예요. 그런데 봉우리 사이의 거리는 큰 문제가 될 게 없지요. 여러 차례에 걸쳐서 정밀하게 측정을 했으니까요.

반면, 시간은 거리와는 다르지요. 갈릴레이의 실험에 큰 오차가 생길 수밖에 없었던 이유는 바로 빛이 내달리는 시간을 정확히 측정하지 못했기 때문이에요.
시간 측정이 문제였다고요?
시간 측정이 너무 어려워!

갈릴레이가 나무틀을 들어 올려 시간을 측정하기까지 적어도 1초는 걸렸을 거예요. 1초는 아주 짧은 시간이지만 빛의 경우는 그렇지 않거든요.
빛은 1초 동안에 지구를 일곱 바퀴 반 돌잖아요.

그러니까 갈릴레이가 빛이 한 번 왕복했을 거라고 믿었던 그 시간 동안, 실제로는 지구를 일곱 바퀴 반이나 돈 거지요.
나는 광속이 유한하다는 사실만 알고 있었지 광속이 어느 정도 빠른지에 대해서는 아는 게 거의 없었소.

네 번째 수업 4

지구를 벗어난 광속

광속을 측정하기에 가장 적합한 장소가 우주라는데, 왜 그럴까요?
우주에서의 광속은 어떨까요?

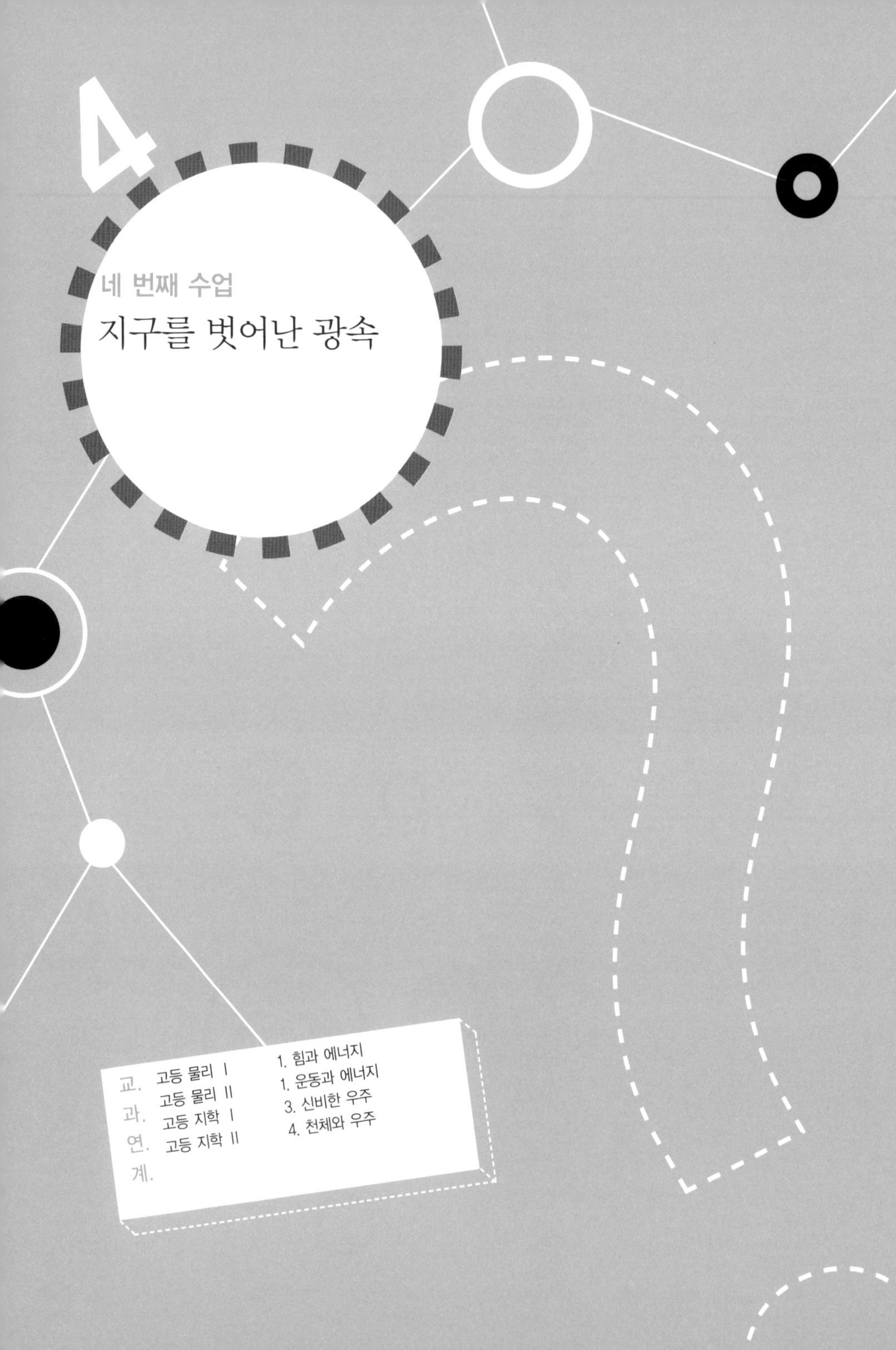
4
네 번째 수업
지구를 벗어난 광속
교.
과.
연.
계.
고등 물리 I
고등 물리 II
고등 지학 I
고등 지학 II
1. 힘과 에너지
1. 운동과 에너지
3. 신비한 우주
4. 천체와 우주

뢰머는 빛의 속도로 우주의 길이를
재는 방법에 대하여
네 번째 수업을 시작했다.

빛의 빠르기가 대단치 않아 보이는 곳

빛은 일상에서는 어슷비슷한 상대를 찾아보기조차 어려울 정도로 빠릅니다. 우리의 시각으로는 결코 따라잡을 수가 없죠. 빠르기를 가늠하기도 어렵습니다. '동시'라는 개념과 같이 불러도 아무런 문제가 생기지 않지요.

그러나 이것은 지구가 그만큼 넓지 않다는 뜻이기도 합니다. 지구보다 상당히 넓은 공간에서는 빛의 빠르기가 대단치 않아 보일 수도 있다는 의미이기도 합니다. 그런 곳이 어디

에 있죠? 그래요, 우주가 바로 그런 곳입니다. 우주는 광활하기 이를 데 없는 무한의 공간 그 자체이니까요.

우주와 광년

우주는 광활한 공간이지요. 넓이와 부피를 제대로 표현하기가 어려울 만큼 광대한 공간입니다. 그래서 지구에서는 그 누구도 따라올 수 없는 빠른 존재로 군림하는 빛이지만, 우주에서는 그저 평범한 존재로 그칠 뿐이지요. 우주 어디에도, 빛이 지구에서처럼 순식간에 도달할 수 있는 곳은 없으니까요.

지구에서 가장 긴 거리인 지구 둘레라도 우주로 가면 명함도 내밀지 못하는 거리가 됩니다. 거리라고 할 수도 없는 거리가 되지요. 지구에서는 하등의 불편 없이 사용하는 cm, m, km도 우주에서는 거의 무용지물이 된답니다.

그러니 어쩌겠어요. 우주적인 거리에 어울리는 새로운 길이를 만들어야 하지요. 그것이 무엇일까요?

사고 실험을 하겠습니다.

서울에서 부산까지의 거리를 잰다고 해 봐요.

30cm 자로는 평생을 재어야 할 거예요.

1m 자로도 비슷할 거예요.

그러나 자동차를 이용하면 금방 잴 수 있어요.

자동차가 시속 90km로 달려서 5시간 걸렸다고 해 봐요.

그러면 자동차가 달린 거리는 450km가 된다는 걸 즉시 알 수 있어요.

거리는 속도 곱하기 시간이니, 90 곱하기 5를 하면 450이 되거든요.

그렇다면 비행기를 이용하면 서울에서 부산까지의 거리를 더 빨리 알 수 있을 거예요.

비행기는 자동차보다 훨씬 빠르니까요.

이것이 뜻하는 바가 무엇인가요?

그래요, 빨리 달리는 걸 이용하면, 거리 측정이 한결 수월해진다는 거예요.

우주는 광대한 공간이에요.

그러니 우주에서의 거리 측정은 이 세상에서 가장 빠른 걸 이용하면 좋을 거예요.

이 세상에서 가장 빠른 게 무엇이지요?

맞아요, 빛이에요.

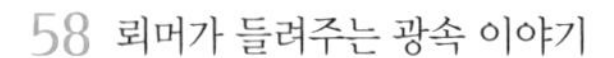

속도로 따지자면, 빛은 우주에서 최고이지요. 아직까지 빛보다 빠른 걸 찾지 못했거든요.

사고 실험을 이어 가겠습니다.

빛은 우주의 길이를 재는 기준이 되었어요.
초속 30만 km가 우주 속의 거리를 재는 표준이 된 셈이에요.
그런데 말이에요, 여기서 좀 더 생각할 문제가 남았어요.
빛이 1초 동안 내달리는 속도만으로 우주를 충분히 잴 수 있느냐는 거예요.

우주의 광활함은 일반적인 상상을 초월한답니다. 빛이 몇초간 달리는 정도로는 거리 측정이 쉽지 않다는 말이에요.

간단한 예를 하나 들어 보겠어요. 빛이 우주 한쪽 끝에서

반대쪽 끝까지 횡단하는 데는 얼마나 걸릴 것 같은가요? 300억~400억 년이라는 천문학적인 시간이 걸린답니다.

300억 년, 400억 년을 초로 고쳐서 생각하는 게 편할까요? 아닙니다, 그냥 이대로 사용하는 게 더 편할 겁니다. 초로 바꾸면 숫자도 복잡해지는 데다가 자릿수도 엄청나게 늘어날 테니까요. 그래서 생각해 낸 것이 광년이랍니다. 광년은 빛이 연도 단위로 내달린 거리입니다. 1광년은 빛이 1년간, 100광년은 100년간, 100만 광년은 100만 년간 우주를 날아간 거리인 겁니다.

우주로 나가서 측정해야 할 광속

갈릴레이는 광속 실험의 엄청난 오차가 거리에 있다는 걸 모르지 않았습니다. 그래서 멀찍이 떨어진 두 봉우리를 찾았던 거지요. 그러나 지구가 너무 협소한 곳이어서 적당한 봉우리를 찾을 수가 없었던 겁니다. 그렇다면 갈릴레이는 어디에서 그 실마리를 찾아야 했을까요?

지구라는 비좁은 공간을 뛰어넘는, 빛의 빠르기가 대단치 않아 보이는 곳에서 실마리를 찾아야 했습니다.

거기가 어딜까요? 그래요, 광년 단위로 거리를 재어야 하는 우주입니다.

그러나 갈릴레이는 못다 이룬 광속 측정의 꿈을 우주로 이

어 가지는 않았습니다. 아니, 안 한 게 아니라 못한 겁니다.

갈릴레이가 왜 그래야만 했는지를 사고 실험을 통해서 알아보겠습니다.

광속 측정을 할 수 있는 알맞은 장소를 찾았어요.

그곳은 우주예요.

광속 값을 아는 건, 이제 식은 죽 먹기나 다름없게 되었어요.

너무 기뻐요.

아, 그런데 그게 아니네요.

우주에서 실험을 하자면 나와 나의 제자가 지구 밖으로 나가야 해요. 그런데 지구를 어떻게 벗어나죠?

그렇습니다. 갈릴레이가 우주 공간이 광속 측정을 하기에 더없이 적당한 장소라고 생각했다고 해도, 그는 그 뜻을 접을 수밖에 없었던 겁니다. 하늘로 솟아오를 방법을 도저히 찾을 수가 없었으니까요.

라이트 형제의 비행 성공은 20세기 초에, 우주 비행은 20세기 중반에 성공을 거두었지요. 그러니 갈릴레이가 살던 시대에 사람이 우주로 나간다고 상상하는 건 그야말로 꿈에서나 그릴 수 있는 일이었던 겁니다.

그렇다면 우주 공간을 이용한 광속 측정을 접어야 한다는

말일까요?

만화로 본문 읽기

라이트 형제의 비행 성공은 20세기 초, 우주 비행은 20세기 중반이 지나서야 성공을 거두었지요. 그러니 갈릴레이가 살던 시대에 사람이 우주로 나간다고 상상하는 건 그야말로 꿈에서나 그릴 수 있는 일이었던 겁니다.

다섯 번째 수업

5

뢰머와 이오의 만남

천체 망원경의 발명으로 어떤 변화가 생겼을까요?
지동설이 등장하게 된 까닭은 무엇일까요?

5

다섯 번째 수업

뢰머와 이오의 만남

교과연계.		
고등 물리 I	1. 힘과 에너지
고등 물리 II	1. 운동과 에너지
고등 지학 I	3. 신비한 우주
고등 지학 II	4. 천체와 우주

뢰머가 이오를 발견하게 된 일화로
다섯 번째 수업을 시작했다.

뢰머가 이오를 택한 까닭

갈릴레이가 우주에서 광속 측정 실험을 하지 못한 것은 실로 안타까운 일입니다. 그러나 광속의 유한성을 똑바로 직시하고, 그걸 어떻게든 측정하려고 끊임없이 시도한 그의 노력은 과학 발전의 튼튼한 밑거름이 되어 주었지요.

아인슈타인의 상대성 이론도 광속이 유한하다는 데 그 굳건한 뿌리를 두고 출발하거든요.

아인슈타인

하지만 갈릴레이가 광속 측정의 꿈을 우주로 넓히지 않았다고 해서 그 꿈이 거기서 완전히 끝나 버린 건 아니랍니다. 지구 밖 천체를 이용해서 광속을 측정한 과학자가 곧이어 나타났는데 그게 누구냐 하면 바로 나, 뢰머입니다.

나는 덴마크 출신으로, 지구라는 거리의 한계를 똑바로 인지하고 우주로 시선을 돌려 광속 측정을 해낸 최초의 과학자이기도 합니다.

나는 목성 둘레를 주시하고 있었습니다. 그곳에는 이오라는 이름의 위성이 공전을 하고 있었지요. 나는 이오의 공전 운동을 연구하다가 그걸 이용하면 광속을 구할 수 있을 거라고 보았습니다.

그러면 이렇게 묻고 싶을 겁니다.

"하늘에는 천체들이 무수히 떠 있지요. 그런데 왜 그 많은 천체 중에서 유독 이오를 택해서 광속을 측정했나요?"

이유는 내가 목성 주변을 관찰한 첫 목적에 있습니다. 나는 처음부터 광속을 측정하겠다고 꿈꾸면서 목성 주위를 바라본 건 아니었습니다. 내가 하늘로 고개를 돌린 주된 이유는 광속 측정이 아니라 천체 관측이었어요. 그 관측의 중심에 네 개의 위성이 있었고, 그 한가운데에 이오가 있었던 겁니다.

그렇습니다. 결과적으로 내가 광속 측정을 하게 된 것은 천체 관측의 부산물이나 마찬가지이지요. 목성 주위를 돌고 있는 위성 가운데 하나인 이오를 관측하다가 우연히 얻은 것이나 다름없으니까요.

목성 둘레를 공전하는 4개의 위성을 가리켜서 갈릴레이 위성이라고 부른답니다.

갈릴레이가 발견했다고 해서 그렇게 이름 붙인 것인데요, 갈릴레이는 이 천체들을 자신의 든든한 후원자였던 메디치 가문에 헌사하며 메디치의 별이라고 불렀습니다.

천체 망원경과 갈릴레이

예전에는 눈으로 천체를 관측했습니다. 요즘처럼 공해로 찌든 대기가 아니었기에 가능한 일이었지요. 하지만 눈으로 천체를 관측할 수밖에 없었던 더 근본적인 이유는 망원경이 없었기 때문입니다. 망원경은 천체 관측의 필수적인 장비이지요. 망원경 없이 천체를 관측하는 데는 한계가 따를 수밖에 없습니다. 내가 이오의 공전 운동을 자세히 관찰할 수 있었던 것도 다 망원경 덕분이었습니다. 그런데 천체 망원경을 누가 만들었는지 아세요?

1609년 여름, 갈릴레이는 호기심 어린 소식을 전해 들었습니다.

"이보게, 갈릴레이!"

친구가 호들갑스럽게 뛰어왔습니다.

"왜 그러는가?"

"깜짝 놀랄 소식이 있다네."

갈릴레이의 귀가 번쩍했습니다.

"네덜란드의 안경 기술자가 망원경을 발명했다고 하네."

"그게 뭔가?"

"먼 곳에 있는 물체를 쉽게 볼 수 있는 거라던데."

"가깝게 볼 수 있다는 뜻인가?"

"그렇다네."

네덜란드 안경 제작자가 만든 망원경은 한쪽에는 볼록 렌즈, 다른 한쪽에는 오목 렌즈가 붙어 있는 길이 30여 cm의 망원경이었습니다. 갈릴레이는 망원경의 원리를 금세 터득했습니다.

"이거 대단한 물건이 되겠는걸."

갈릴레이는 망원경의 위대한 잠재성을 즉각 간파했습니다. 당시 갈릴레이는 이탈리아의 베네치아에 머물고 있었는데, 그곳은 유리 제조 산업의 중심지였습니다.

"신이 나에게 기회를 주시는구나."

갈릴레이는 별 어려움 없이 양질의 렌즈 재료를 구했고, 곧바로 망원경 제작에 들어갔습니다. 우선, 여러 종류의 렌즈를 만들어서 빛이 어떻게 반사하고 굴절하는지를 자세히 관찰했습니다. 그러고는 렌즈를 보다 정밀하게 갈고 다듬었습니다.

볼록한 렌즈는 더 평평하게, 오목한 렌즈는 더 깊게 다듬었습니다. 그렇게 한 지 이틀 후, 갈릴레이는 상(像)을 4배나 확

대해서 볼 수 있는 망원경을 제작해 내었습니다. 갈릴레이는 여기서 멈추지 않고 연구를 계속하여 배율이 약 9배까지 향상된 망원경을 제작하였고, 무려 20여 배까지 배율이 증가한 망원경을 만들어 내었습니다.

그러나 여기까진 망원경일 뿐입니다. 아직은 천체 망원경이 탄생하지 않은 것입니다. 아무리 배율이 높아도, 그걸로 하늘을 보지 않으면 절대로 천체 망원경이 될 수는 없는 법이니까요.

네덜란드의 망원경 제작업자도 그랬고, 다른 곳에서 망원경을 제작하던 사람들도 모두 다 그랬습니다. 갈릴레이와 동시대를 살았던 그 누구도, 이즈음까지 망원경으로 하늘을 올려

다보겠다고 뜻을 품은 사람은 없었던 겁니다. 그들은 수십 미터, 수백 m 너머에 있는 지상의 물체를 가까이서 바라보는 것만으로도 너무 흡족해했습니다. 그러나 갈릴레이는 달랐습니다. 손수 만든 고배율 망원경으로 하늘을 바라보았던 겁니다.

천동설과 갈릴레이의 위성

갈릴레이가 망원경을 통해서 본 하늘은 그야말로 놀라웠습니다. 생각했던 것보다 훨씬 크고 넓었으며, 별 또한 무지무지하게 많았습니다. 이러한 사실은 적잖은 관심을 불러일으켰는데, 그중에서도 가장 큰 관심을 불러일으킨 것은 목성 둘레를 공전하는 4개의 갈릴레이 위성이었습니다. 위성들의 이름은 다음과 같지요.

이오(Io), 유로파(Europa), 가니메데(Ganymede), 칼리스토(Callisto)

당시의 학자들이 이들 천체에 이목을 집중한 이유는 다음과 같습니다.

그 당시까지 믿고 있던 우주는 천동설(지구 중심설)이었지요. 지구가 우주의 중심에 있고, 그 주위로 모든 천체가 빙빙 돌고 있다고 생각한 겁니다.

그러니 달이건, 목성이건, 목성의 위성이건 예외 없이 지구

둘레를 돌아야 했습니다. 그런데 지구가 아닌, 목성 둘레를 회전하는 4개의 위성을 갈릴레이가 발견한 겁니다. 이것이 사실이라면 천동설은 틀린 겁니다. 수천 년 동안 굳게 믿어 온 지구 중심설을 버려야 하는 겁니다.

지구 중심설을 버리느냐 마느냐는 단순히 자연 현상 한 가지를 올바르게 확인하는 것에 그치는 문제가 아니었습니다. 당시의 사회 기반 자체를 뿌리째 뒤흔드는 일이었습니다. 당시의 기득권 계층은 거의 다 천동설을 믿어 의심치 않았지요. 천동설이 무너지면, 그들의 모든 지위와 권력도 함께 무너져 내리게 되었으니까요.

그러니 학자들의 이목이 갈릴레이 위성에 집중될 수밖에요. 이것 또한 내가 천체 망원경으로 이오를 관찰하게 된 주된 이유였습니다.

과학자의 비밀노트

갈릴레이 위성

1610년 갈릴레이가 손수 만든 망원경을 사용하여 처음으로 발견한 목성의 위성들을 일컫는다. 목성의 위성들은 최근까지 발견된 것이 총 63개에 이른다. 그 중 4개의 위성을 갈릴레이가 17세기 초에 발견했다. 이오(Io), 유로파(Europa), 칼리스토(Callisto), 가니메데(Ganymede)로, 목성의 위성 중 가장 큰 4개의 위성이다. 갈릴레이 위성의 발견은 코페르니쿠스의 지동설을 지지하는 증거가 되었다.

4개의 갈릴레이 위성 중에서 목성에 가장 가까운 이오는 달보다 좀 더 크고, 유로파는 달보다 약간 작은 편이다. 바깥쪽에 있는 가니메데와 칼리스토의 크기는 수성과 비슷하지만 밀도가 2g/㎤미만으로 수성 밀도 5.4g/㎤의 절반 이하이다. 이에 반해 이오와 유로파의 밀도는 각각 3.57g/㎤와 2.97g/㎤으로 바깥쪽의 위성들보다는 높은 편인데 이는 위성들의 구성 물질이 차이를 보인다는 것을 뜻한다. 즉 목성에서 멀리 떨어질수록 암석 성분에 비해 얼음 성분의 함량이 증가하고 또 목성에 가까운 이오와 유로파에는 달처럼 암석 성분이 많이 포함되었음을 짐작할 수 있다. 이러한 현상은 목성의 형성 당시 높은 열 방출이 있었음을 고려할 때, 이오와 유로파가 형성되는 안쪽 지역의 성운에서는 휘발성 물질인 얼음 성분이 증발되면서 주로 무거운 암석 성분의 물질이 많이 남아서 이로부터 이오와 유로파가 형성되었을 것이라고 추측하고 있다.

만화로 본문 읽기

아, 저는 그러니까 목성 둘레를 주시하고 있었죠. 그곳엔 이오라는 이름의 위성이 공전을 하고 있었는데, 이 이오의 공전 운동을 연구하던 중 그걸 이용하면 광속을 구할 수 있을 거라고 생각했죠.

이오

뢰머 씨, 그런데 왜 하필이면 그 많은 위성 중에 유독 이오를 택해서 광속을 측정했나요?

여섯 번째 수업

6

뢰머의 이오 관찰과 관련하여

이오의 나타남과 사라짐 현상은 무엇을 의미하는 것일까요?
이오의 움직임과 공전 주기와는 어떤 관계가 있을까요?

6

여섯 번째 수업

뢰머의 이오 관찰과 관련하여

교. 과. 연. 계.

고등 물리 I	1. 힘과 에너지
고등 물리 II	1. 운동과 에너지
고등 지학 I	3. 신비한 우주
고등 지학 II	4. 천체와 우주

뢰머가 이오 관찰에 대한 여섯 번째 수업을 시작했다.

이오의 나타남과 사라짐 1

갈릴레이는 이오가 목성의 둘레를 공전한다고 외쳤습니다. 천동설이 옳지 않다고 본 것이지요. 나는 갈릴레이의 이 발견이 한편으론 두렵기도 했고, 또 궁금하기도 했습니다.

'이오가 정말 목성 둘레를 공전하는 걸까?'

나는 학자적 양심에 따라, 이 궁금증을 해결하고자 이오를 집중적으로 관찰했습니다. 그러던 중 특이한 현상을 발견했습니다. 이오가 나타났다가 사라지는 현상을 자주 목격한 것

이었지요.

사고 실험을 하겠습니다.

이오는 왜 나타났다가 사라지고, 또 나타났다가 사라지는 걸까요?

나타남과 사라짐이 반복되려면, 한곳에 늘 멈추어 있어서는 안 됩니다.

수시로 움직여야만 해요.

그래요. 이오는 정지하고 있는 게 아니에요.

쉼 없이 운동하고 있는 거예요.

여기까진 천동설에 영향을 끼칠 별다른 요인이 없습니다. 천동설은 지구 둘레를 돌아야 한다는 것이지, 제자리에 항상 머물러 있어야 한다는 건 아니니까요.

그래서 초점은 이오가 지구와 목성 가운데 어느 천체를 축으로 해서 회전하느냐로 모이게 되지요.

이오의 나타남과 사라짐 2

이야기를 이어 가기 전에, 우선 앞글의 요점부터 간단히 정리하겠습니다.

- 이오의 나타남과 사라짐은 이오의 움직임과 연결이 된다.
- 이오의 공전은 지구 주위를 도느냐, 목성 주위를 도느냐의 문제로 이어진다.

이 연결 고리를 기억하면서, 사고 실험을 해 보겠습니다.

이오가 움직이는 경우는 2가지로 나누어서 생각할 수 있어요.
하나는 이오가 지구 둘레를 정상적으로 회전하는 경우예요.
그리고 다른 하나는 이오가 다른 천체 둘레를 정상적으로 공전하는 경우예요.

여기서 정상적이라는 건, 이오가 여러 천체의 방해를 받지 않고 유유히 공전한다는 의미입니다.
사고 실험을 계속하겠습니다.

먼저, 이오가 다른 천체의 방해를 받지 않고 지구 둘레를 공전하는 경우부터 생각해 봅시다.

이오가 지구 둘레를 공전하면 천동설을 따르는 거예요.

천동설은 지구 둘레를 공전하는 거니까요.

이오는 나타남과 사라짐을 반복해요.

그렇다면 지구 둘레를 공전하는 천체는 이오처럼 나타남과 사라짐을 반복한다고 유추할 수가 있어요.

그런데 그런가요?

달을 생각해 보겠어요.

달은 한 달에 한 번꼴로 지구를 돌아요.

그러면서 초승달, 반달, 보름달 등으로 모양을 바꾸어요.

이 중에서 가장 얇게 보이는 초승달조차 모양을 완전히 감추진 않아요.

이건 무엇을 뜻하나요?

그래요, 크기가 작아지고 커지기는 해도 완전히 사라지지는 않는다는 의미예요.

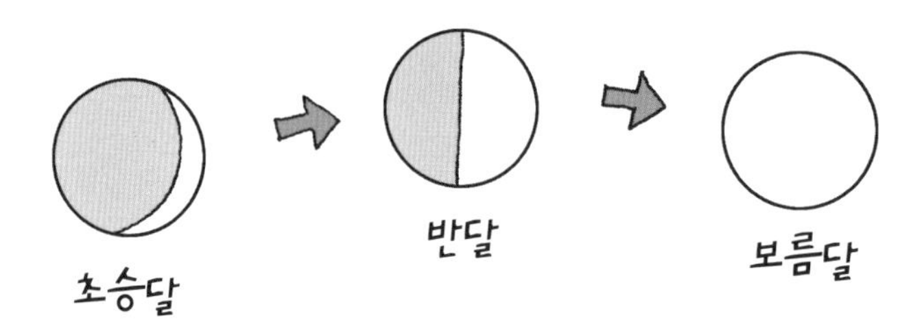

그렇습니다. 지구를 공전하는 천체는 다른 천체의 영향을 받지 않는 한, 크기는 바뀌어도 완전히 사라져서 보이지 않는 경우는 없답니다. 그런데 천체 망원경을 갖다 댄 목성 부근은 그렇지가 않았습니다. 이오가 나타남과 사라짐을 주기적으로 반복한 것이었습니다.

천동설이 정녕 옳은 이론이라면, 천체의 주기적인 변화를 통일되게 설명할 수 있어야 합니다. 완벽한 이론은 자연 현상을 일관성 있게 설명해 낼 테니까요. 여기서는 이런 식으로 설명하고, 저기서는 저런 식으로 설명해서는 안 된다는 겁니다.

그런데 천동설은 달과 이오의 자연 현상을 통합시키지 못하고, 달은 달대로 이오는 이오대로 따로따로 설명하는 것이었습니다. 이런 이론을 믿을 수가 있겠어요? 천동설이 신뢰와는 거리가 먼 처지로 전락하고 있는 것입니다.

사고 실험을 이어 가겠습니다.

이오가 지구 둘레를 공전하는 경우는 의미가 없게 되었어요.
다음은 이오가 지구 이외의 천체를 공전하는 경우예요.
이오가 옆에 있는 목성 둘레를 돈다고 생각해 봐요.
이오는 목성을 옆으로 돌아서 뒤로 갔다가 다시 앞으로 나올 거예요.
이때 이오가 앞이나 옆에 있으면 볼 수가 있어요.
그러나 목성 뒤로 가면 볼 수가 없어요.
목성이 이오를 가리기 때문이에요.
이오가 나타나고 사라지고 다시 나타난 거예요.
이런 식으로 이오가 목성 둘레를 계속 공전하면,
나타남과 사라짐을 반복할 거예요.
그래요, 이오는 목성 둘레를 돌고 있는 것이었어요.

이처럼 이오가 지구 이외의 천체를 공전하고 있다면 나타

남과 사라짐 현상이 간단하고도 명쾌하게 설명이 되는군요. 이건 천동설이 옳지 않다는 명명백백한 증거입니다. 천동설은 벼랑 끝으로 몰리고 있었습니다.

이오의 움직임과 공전 주기 1

천동설은 이제 바람 앞의 촛불이나 다름없는 신세가 되어 가고 있습니다. 몰락의 길을 걷고 있는 중이지요. 나는 이오 위성이 목성을 한 바퀴 회전하는 데 걸리는 시간을 여러 차례에 걸쳐서 세밀하게 측정했습니다.

한 천체가 다른 천체를 한 바퀴 도는 데 걸리는 시간을 공전 주기라고 합니다. 그러니까 저는 이오의 공전 주기를 측정한 것이지요.

그런데 언뜻 납득하기 곤란한 결과가 나왔습니다. 이오의 공전 주기를 잴 때마다 그 값이 약간씩 다른 것이었습니다. 나는 실마리를 찾기 위해서 머리를 싸매고 고민하기 시작했습니다.

사고 실험으로 그 여정을 함께 따라가 보도록 하겠습니다.

공전 주기는 시간을 재는 거예요.

시간 측정은 2가지 요인에 의해 큰 영향을 받아요.

움직이는 물체와 시간을 재는 사람이 어떤 상태에 있느냐가 그것이에요.

움직이는 물체는 이오가 될 거예요.

그리고 시간을 재는 사람은 이오의 공전 주기를 재는 과학자가 될 거예요.

여기서의 과학자는 반드시 명망 있는 과학자일 필요는 없어요. 내(뢰머)가 되어도 좋고, 여러분이 되어도 좋아요. 나는 과학자가 '나'라고 생각하면서 사고 실험을 이어 갈 테니까, 여러분은 과학자가 여러분 자신이라고 생각하면서 사고 실

험을 한번 해 보세요.

사고 실험을 계속하겠습니다.

이오가 움직이는 상태란 어떤 식으로 공전하느냐는 거예요.

그리고 과학자가 움직이는 상태란 지구가 어떻게 운동하느냐는 거예요.

왜냐하면 과학자는 지구에 있으니까요.

우선 이오의 움직임에 대해서 생각해 보아요.

이오는 목성에 가까이 붙어서 돌 수도 있고,

멀리 떨어져서 돌 수도 있어요.

목성에 가까이 붙어서 돌면 공전 시간은 짧아지고,

멀리 떨어져서 돌면 공전 시간은 길어져요.

그러나 일정한 길을 따라서 바깥쪽으로만 계속 돈다거나

안쪽으로만 계속 돌면 공전 주기는 변하지 않아요.

바깥쪽으로 돌 때, 단지 시간이 더 많이 걸릴 뿐이에요.

이건 공전 주기가 바뀌는 게 아니에요.

그렇다면 공전 주기가 바뀌려면 어떻게 되어야 할까요?

그래요. 이오가 일정한 공전 궤도를 따라 공전해서는 안 될 거예요.

이오의 공전 궤도가 수시로 바뀌어야 한다는 말이에요.

예를 들어, 첫 번째 공전은 멀리 떨어져서 돌고, 두 번째 공전은 가까이 붙어서 돌고, 세 번째 공전은 조금 멀리 떨어져서 돌면, 공전 주기는 매번 다를 거예요.

하지만 이건 꿈에서나 가능한 일이에요.

공전 궤도는 이오가 멋대로 바꾸고 싶다고 해서 바꿀 수 있는 게 아니거든요.

천체의 공전 궤도는 천체의 질량에 절대적인 영향을 받는답니다. 그래서 이오가 목성을 공전하는 경우, 이오의 공전 궤도는 목성과 이오의 질량으로 결정이 되지요. 목성과 이오의 질량이 순간순간 달라지나요? 그렇지 않죠. 목성이 다른 천체로 대체되어서 질량이 변하지 않는 한, 목성 둘레를 회전하는 이오의 공전 궤도는 바뀌지 않는답니다.

사고 실험을 계속하겠습니다.

이오가 목성 둘레를 공전하는 궤도는

손바닥 뒤집듯 수시로 바뀔 수가 없어요.

천재지변 같은 이변이 일어나지 않는 한,

이오의 공전 궤도는 늘 일정할 거예요.

이오의 공전 궤도가 일정하면, 공전 주기는 달라지지 않을 거예요.

그런데 이오를 관찰하면 공전 주기는 약간씩 바뀌어요.

이건 무얼 뜻하나요?

그래요. 이오의 공전 주기가 변하는 것과 이오가 움직이는 것과는 아무 상관이 없다는 이야기예요.

이오의 움직임과 공전 주기 2

이오의 공전 주기 변화와 이오의 움직임이 별 연관이 없으니, 실마리는 이제 과학자에게 기대해 보는 수밖에 없겠군요.

사고 실험을 하겠습니다.

이번엔 과학자가 어떤 상태에 있느냐에 대해서 생각해 보겠어요.

과학자는 지구에 있어요. 지구와 한 몸인 것입니다.

그래서 과학자의 움직임은 지구의 운동과 긴밀할 수밖에 없어요.

지구가 멈추어 있으면 과학자도 그대로 우주 공간에 멈추어 있고, 지구가 움직이면 과학자도 따라서 우주 공간을 움직이는 것이니까요.

지구가 멈추어 있다는 건, 이동이 없는 거예요.

이동이 없으면 상대를 바라보는 데 아무런 문제가 없어요.

시각이 달라지지 않으니까요.

보이는 그대로 상대의 움직임을 바라볼 수가 있는 거예요.

과학자가 이오를 바라보는 것도 마찬가지예요.

이오가 목성을 왼쪽으로 돌건 오른쪽으로 돌건,

공전 궤도는 항상 그대로인 걸로 보이는 거예요.

과학자의 시각도 마찬가지로 변함이 없으니까요.

그렇습니다. 지구가 이동하지 않으면 이오가 1바퀴를 공전하건, 10바퀴를 공전하건, 100바퀴를 공전하건 이오의 공전 궤도는 달라 보이지 않는답니다.

사고 실험을 이어 가겠습니다.

공전 궤도가 변함이 없으니 공전 주기도 변하지 않을 거예요.

이건 무엇을 뜻하나요?

그래요. 지구가 정지해 있으면 이오의 공전 주기는 변하지 않는다는

거예요.

그런데 이오의 공전 주기는 변해요.

그러니 지구는 정지해 있지 않다는 말입니다.

맞습니다. 지구는 쉼 없이 움직이고 있습니다. 하루에 1바퀴씩 자전하고, 1년에 1바퀴씩 태양 둘레를 공전하지요.

이오의 움직임과 공전 주기 3

이오의 공전 주기 변화를 해결할 수 있는 건, 이제 지구가 움직이는 경우만이 남았습니다.

사고 실험을 하겠습니다.

목성

이오

이오의 정면이 보이는군.

(멈춤)

지구

지구가 움직이면 상황이 달라져요.

지구가 움직이면 과학자의 위치도 따라서 이동하게 되거든요.

위치가 변한다는 건 시각이 바뀐다는 거예요.

움직이지 않았을 때는 정면을 똑바로 바라볼 수가 있어요.

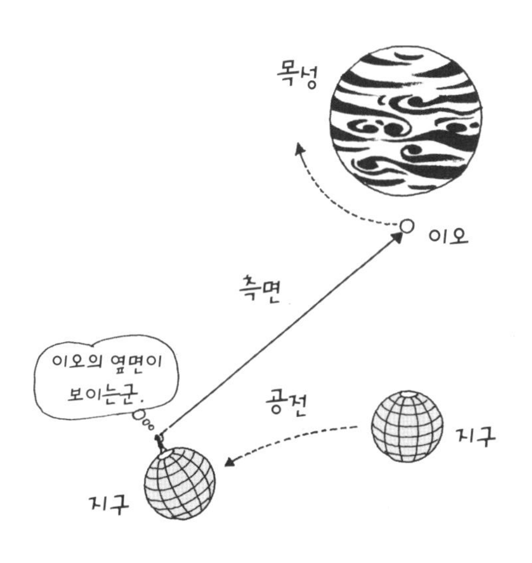

그런데 움직여서 시각이 바뀌게 되면 보이지 않던 옆면을 볼 수가 있게 되지요.

과학자도 이와 마찬가지 상황을 맞게 됩니다.

예를 들어, 지구가 이동하지 않으면 과학자가 목성의 정면을 바로 응시할 수가 있다고 해 봐요.

그런데 지구가 왼쪽이나 오른쪽으로 이동을 하면 어떻게 되겠어요?

시각이 바뀌어서 안 보이던 옆면을 볼 수 있게 될 거예요.

이처럼 시각에 차이가 생기면 공전 시간에도 영향이 있을 수밖에 없어요.

왜냐하면 시간은 거리에 비례하기 때문이에요.

거리가 길어지면 빛이 날아오는 데 그만큼 시간이 오래 걸려요.

이오가 목성을 한 바퀴 공전했다고 해 봐요.

이때 지구가 목성에서 멀어졌다면 어떻게 되겠어요?

빛은 더 많은 거리를 내달려야 하니까,

이오를 보는 시간은 좀 더 걸릴 거예요.

반대로, 지구가 목성 가까이 다가갔다면 어떻게 되겠어요?

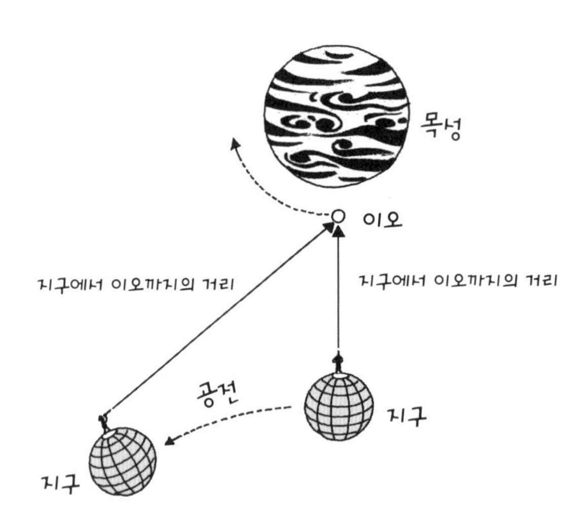

이오를 보는 시간이 한층 단축될 거예요.

이오가 목성을 1바퀴 돌고 난 시간이 무엇이지요?

그래요, 공전 주기예요.

지구가 멀어지고 가까워짐에 따라서 이오를 마주하는 시간이 달라졌으니, 결국 무엇이 변한 건가요?

맞아요, 이오의 공전 주기가 변한 거예요.

측정할 때마다 이오의 공전 주기가 매번 다른 이유가 이렇게 해서 밝혀진 거예요.

그 답은 지구가 움직인다는 데 있었던 거예요.

천동설에 따르면, 지구가 움직여서는 안 된답니다. 모든 천체가 늘 한 곳에 멈추어 있는 지구의 둘레를 공전해야 하니까요. 그런데 이오의 공전 주기를 설명하려면, 지구가 멈추어 있어서는 안 되지요. 천동설이 틀린 겁니다.

이렇게 해서 천동설은 더 이상 버틸 여력이 없게 되었지요. 이오의 공전 운동이 결국은 천동설을 무너뜨린 것입니다.

이오의 공전 운동 → 천동설의 몰락

만화로 본문 읽기

이오가 목성의 둘레를 공전한다고 갈릴레이가 외쳤을 때 저는 갈릴레이의 이 발견이 한편으론 두렵기도 했고, 또 한편으론 궁금하기도 했습니다. 하지만 전 이오가 정말 목성 둘레를 공전하는 것인지 학자적 양심에 따라 이 궁금증을 해결하고자 이오를 집중적으로 관찰했습니다.

여기까진 천동설에 영향을 끼칠 별다른 요인이 없습니다. 천동설은 지구 둘레를 다른 천체가 돌아야 한다는 것이지, 제자리에 항상 머물러 있어야 한다는 건 아니니까요. 그래서 초점은 이오가 지구와 목성 가운데 어느 천체를 중심으로 회전하느냐로 모이게 되었습니다.

다시 말해서 이오가 움직이는 경우는 2가지로 나누어서 생각할 수가 있는데….

하나는 지구 둘레를 정상적으로 회전하는 경우이고, 다른 하나는 이오가 다른 천체 둘레를 정상적으로 공전하는 경우예요. 하지만 지구를 중심으로 정상적으로 공전을 하면 완전히 사라지지 않기 때문에, 전 이오가 목성의 주위를 정상적으로 공전한다는 것을 알게 되었던 것이죠.

일곱 번째 수업

7

뢰머와 광속 그리고 그 이후

뢰머가 쌓은 2가지 업적은 무엇일까요?
뢰머 이후 광속 측정을 한 과학자들은 누구일까요?

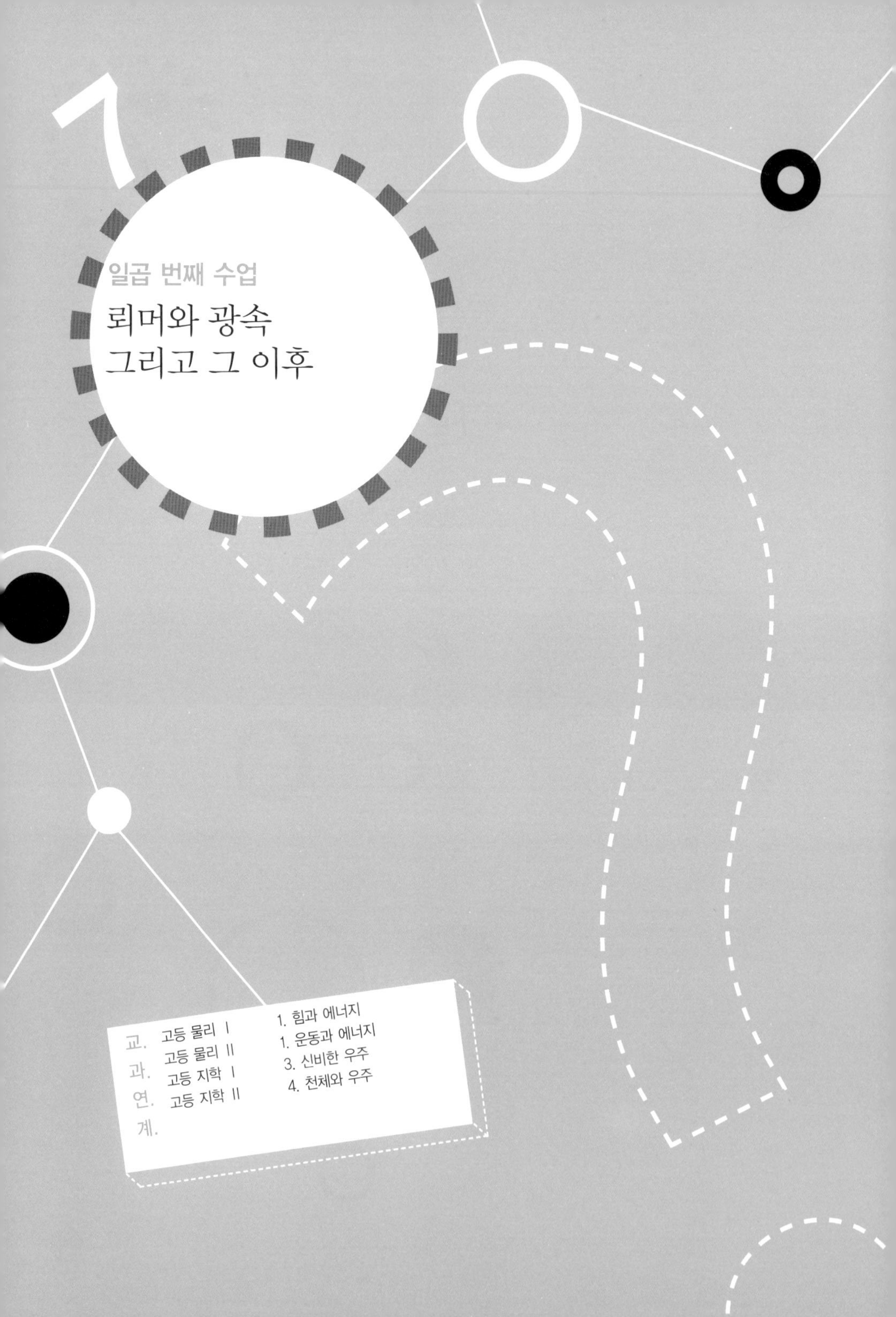

7

일곱 번째 수업

뢰머와 광속 그리고 그 이후

교.
과.
연.
계.

고등 물리 I	1. 힘과 에너지
고등 물리 II	1. 운동과 에너지
고등 지학 I	3. 신비한 우주
고등 지학 II	4. 천체와 우주

뢰머가 자랑스러운 표정으로
일곱 번째 수업을 시작했다.

이오와 광속 1

나는 이오의 공전 운동을 관찰하면서 중요한 업적을 쌓았습니다.

하나는 여섯 번째 수업에서 이야기한 천동설에 가한 최후의 결정타이고, 다른 하나는 광속을 측정했다는 거예요. 이번 수업에선 이에 대해서 알아보도록 하겠습니다.

이오의 공전 주기는 43시간 남짓입니다. 그러니까 43시간마다 1바퀴씩 목성 둘레를 돈다는 말이지요. 나는 광속을 측

정하는 데 이 시간을 이용했습니다. 그 과정을 사고 실험으로 따라가 보겠습니다.

이오의 공전 주기는 43시간쯤이에요.
43시간이 지나면 이오는 원래 자리로 다시 돌아오는 거예요.
그런데 이오가 공전하는 동안에 지구는 가만히 머물러 있는 게 아니에요.
지구도 공전을 해요.
태양 둘레를 말이에요.

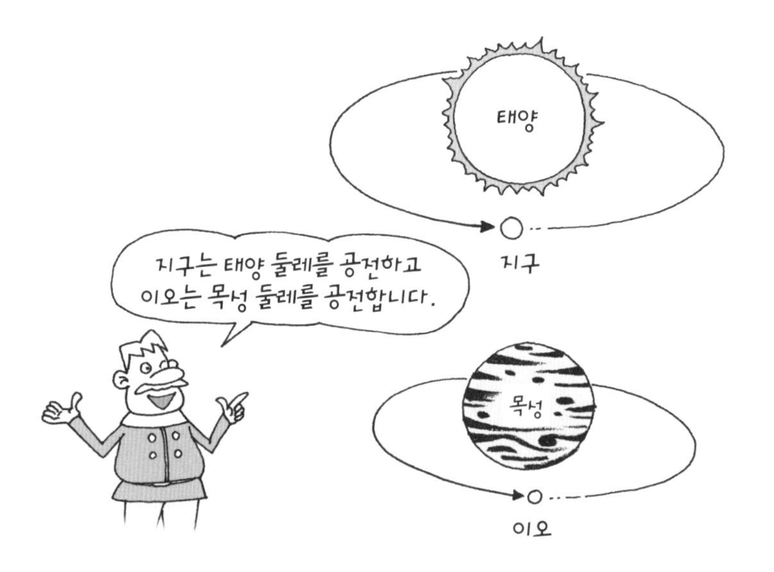

그래서 이오를 보는 위치가 시시각각 달라져요.

43시간은 지구 시간으로 이틀이 넘지 않는 시간이에요.

지구의 하루는 24시간이니까요.

하루 동안에 지구는 260만 km가량 공전해요.

260만 km란 수치가 나온 근거는 이렇습니다. 지구에서 태양까지는 대략 1억 5,000만 km입니다. 지구는 이 거리를 반지름으로 하는 공전 궤도를 그리면서 태양 둘레를 공전하지요.

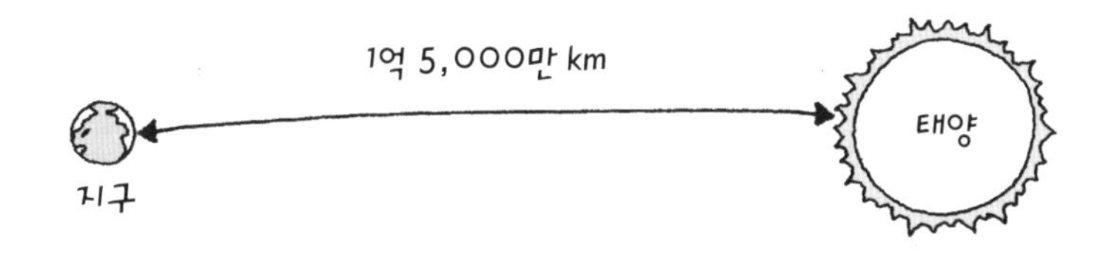

공전 궤도는 원에 가까우므로, 원의 둘레를 구하는 공식인 '2 × 3.14 × 반지름'을 이용하면, 지구가 태양 둘레를 공전하는 거리를 구할 수가 있습니다. 이렇게 말이지요.

지구가 공전하는 거리 = 2 × 3.14 × 지구에서 태양까지의 거리

= 2 × 3.14 ×1억 5,000만 km = 9억 4,200만 km

지구가 태양 둘레를 한 바퀴 공전하는 데는 1년이 걸리지

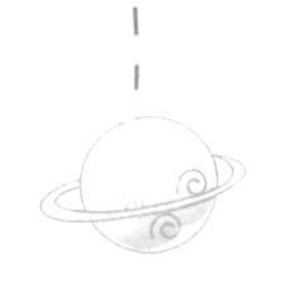

요. 1년은 365일입니다. 그러니 9억 4,200만 km를 365일로 나누면, 지구가 하루 동안에 공전하는 거리가 나올 겁니다. 이렇게 말입니다.

지구가 하루 동안 공전하는 거리 = 9억 4,200만 km ÷ 365
≒ 260만 km

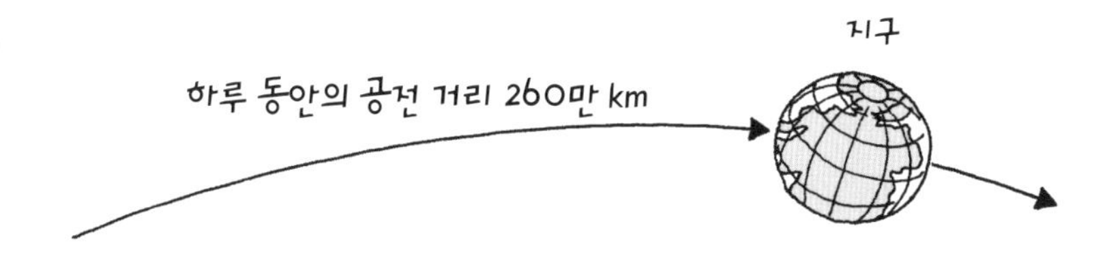

이오와 광속 2

서울에서 부산까지의 거리가 500여 km 남짓이니, 260만 km는 엄청난 거리가 아닐 수 없습니다. 그러나 빛으로 따지면 또 그렇지도 않습니다. 광속은 초속 30만 km이니 10여 초 남짓 날아가면 완주할 수 있는 거리일 뿐입니다.

자, 그럼 지구가 공전하는 거리를 어떻게 이용해서 광속을 측정했는지 사고 실험으로 살펴보도록 하겠습니다.

이오가 목성을 한 바퀴 회전하는 데는

지구 시간으로 이틀이 걸리지 않아요.

지구는 이틀 동안에 520만 km를 공전해요.

지구가 하루 동안에 공전하는 거리가 260만 km이니까,

이걸 2배하면 520만 km가 되는 거예요.

빛에게 520만 km는 그다지 긴 거리가 아니에요.

20여 초면 주파가 가능한 거리예요.

요즘은 측정 기술이 발달해서 20여 초 정도의 시간 차이는 명확하게 구분할 수가 있답니다. 그러나 내가 살던 시대는 그렇지가 않았어요.

사고 실험을 이어 가겠습니다.

시간 차이가 20여 초보다 더 커야 해요.

어떻게 해야 할까요?

이오의 공전 횟수를 늘리면 될 거예요.

이오의 공전 횟수가 늘수록, 지구가 공전하는 거리도 길어질 테니까요.

이오가 50바퀴쯤 회전했다고 해 봐요.

1번 공전하는 데 43시간이 걸리니까,

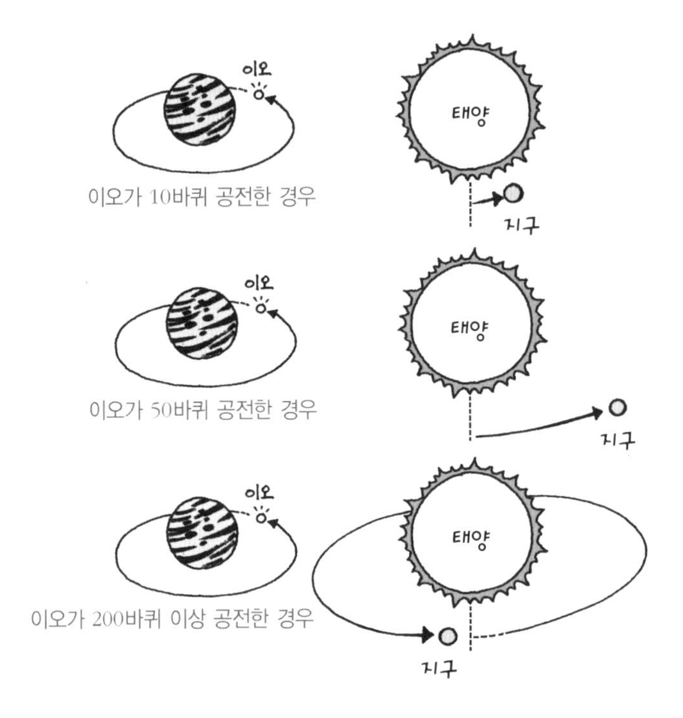

50바퀴면 43 × 50이므로 2,150시간이 걸릴 거예요.

지구의 하루는 24시간이니까 2,150시간을 24로 나누면 약 90일이 됩니다.

이오가 50바퀴 공전하면, 지구는 90일이 지났다는 의미예요.

약 90일은 1년의 $\frac{1}{4}$ 가량이에요.

이오가 50바퀴 공전하면,

지구는 공전 궤도의 $\frac{1}{4}$ 가량을 움직인다는 뜻이에요.

이 정도면 빛이라도 단번에 지나갈 수 있는 거리가 아니에요.

거리가 길어진 만큼, 시간 차이가 적잖이 난다는 이야기예요.

이 차이를 이용해서 광속을 구하자는 것입니다.

속도는 거리를 시간으로 나누면 구할 수가 있습니다. 측정한 거리와 잰 시간을 속도 공식에 넣어서 계산하면 광속을 구할 수가 있는 것입니다.

이런 식으로 내가 구한 광속은 초속 22만 km였습니다. 실제 광속 30만 km에는 다소 못 미치는 값이지요. 그러나 갈릴레이가 광속을 측정조차 하지 못했던 것에 비하면 일취월장한 결과입니다. 이것은 광속을 실질적으로 구한 최초의 업적이라고 볼 수 있는 것이랍니다.

뢰머 이후의 광속 측정

내가 광속을 측정한 이후로 여러 과학자가 광속 측정에 도전했습니다.

프랑스의 물리학자 피조(Armand Fizeau, 1819~1896)는 1849년에 고속으로 회전하는 톱니바퀴를 이용하여 광속을 측정했습니다. 피조가 측정한 광속은 초속 31만 4,000km였습니다. 광속보다 약간 웃도는 수치를 얻었던 겁니다.

1869년에는 프랑스의 물리학자 푸코(Jean Foucault, 1819~1868)가 톱니바퀴 대신 회전하는 거울을 이용하여 광속을 측정했습니다.

푸코가 얻은 광속은 초속 29만 8,000km였습니다.

1879년에는 미국의 물리학자인 마이컬슨(Albert Michelson, 1852~1931)과 몰리(Edward Morley, 1838~1923)가 간섭계라는 실험 장치를 사용해서 광속을 측정했습니다. 이들이 구한 광속은 초속 29만 9,798km로서, 광속에 매우 근접한 값이었습니다.

광속이 진공 중에서 초속 30만 km로 내달린다는 것을 최초로 증명한 과학자는 영국의 물리학자 맥스웰(James Maxwell, 1831~1879)이었습니다. 1873년 맥스

웰은 전자기 파동 방정식을 이론적으로 유도하고 거기에서 광속 값을 구해 내었습니다.

피조, 푸코, 마이컬슨과 몰리가 광속 측정 실험을 한 목적은 더욱 정밀한 광속 값을 찾으려는 데 있지 않았습니다. 빛의 본성, 즉 빛이 입자 같은 성질을 띠느냐, 파동 같은 성질을 띠느냐를 규명하기 위해 실험을 하면서 광속을 측정한 것이었지요. 이에 대해서는 본 시리즈 중 64권 《마이컬슨이 들려주는 프리즘 이야기》를 함께 참고하면 좋으리라 봅니다.

과학자의 비밀노트

맥스웰(James Maxwell, 1831~1879)

영국의 물리학자로, 1874년 캐번디시연구소 개설과 함께 맥스웰이 소장이 되었다. 전자기학에서 거둔 업적은 장(場)의 개념의 집대성이다. 패러데이의 고찰에서 출발하여 유체역학적 모델을 써서 수학적 이론을 완성하고, 유명한 전자기장의 기초 방정식인 맥스웰 방정식(전자기 방정식)을 도출하여 그것으로 전자기파의 존재에 대한 이론적인 기초를 확립했다. 전자기파의 전파 속도가 광속도와 같고, 전자기파가 횡파라는 사실도 밝힘으로써 빛의 전자기파설의 기초를 세웠다.

만화로 본문 읽기

나는 이오의 공전 운동을 관찰하면서 광속을 측정했지요. 이번 수업에선 이에 대해서 알아볼 것입니다.
어서 알려 주세요.

이오의 공전 주기는 43시간쯤이에요. 그런데 이오가 공전하는 동안에 지구도 가만히 머물러 있는 게 아니에요.
지구도 태양 둘레를 공전하잖아요.
약 43시간
목성
이오

그래요. 그래서 이오를 보는 위치가 시시각각 달라지지요. 43시간은 지구 시간으로 이틀이 넘지 않는 시간이고, 지구는 하루 동안 260만 km가량 공전하지요.
서울에서 부산까지의 거리가 500여 km 남짓이니까, 260만 km는 엄청난 거리네요.
지구
태양
이오
목성

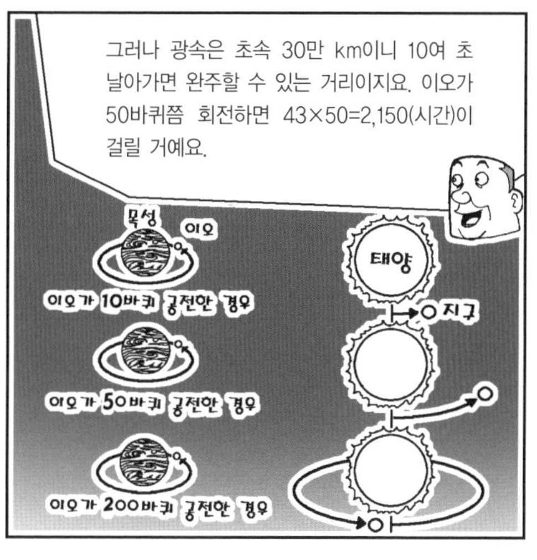
그러나 광속은 초속 30만 km이니 10여 초 날아가면 완주할 수 있는 거리이지요. 이오가 50바퀴쯤 회전하면 43×50=2,150(시간)이 걸릴 거예요.
목성
이오
이오가 10바퀴 공전한 경우
이오가 50바퀴 공전한 경우
이오가 200바퀴 공전한 경우
태양
지구

2,150시간은 지구의 약 90일이지요. 이오가 50바퀴 공전하면, 지구는 90일이 지나 공전 궤도의 1/4가량 움직인다는 뜻이에요. 이 정도면 빛이라도 단번에 지나갈 수 없지요.
거리가 길어진 만큼, 시간 차이가 많이 나겠네요.
2,150÷24=약 90(일)
90일 = 1년의 1/4

이런 식으로 내가 구한 광속은 초속 22만 km였지요. 아쉽지만 실제 광속 30만 km에는 다소 못 미치는 값이지요. 이것은 광속을 실제로 구한 최초의 업적이에요.
갈릴레이가 광속을 측정조차 하지 못했던 것에 비하면 일취월장한 결과네요.

여덟 번째 수업 8

광속이 무한하지 않아서 생기는 현상

우주에서 오는 빛은 몇 살일까요?

우주에서 온 빛을 통해 알 수 있는 것은 무엇일까요?

8

여덟 번째 수업

광속이 무한하지 않아서 생기는 현상

교과연계		
	고등 물리 I	1. 힘과 에너지
	고등 물리 II	1. 운동과 에너지
	고등 지학 I	3. 신비한 우주
	고등 지학 II	4. 천체와 우주

뢰머가 이른 새벽녘에
여덟 번째 수업을 시작했다.

8분 20초

아스라한 새벽녘. 동해를 가로지른 수평선과 입맞춤하며 태양이 또 하루를 열고 있습니다. 검디검은 천지에 초속 30만 km로 붉은 햇살을 내던지며 태양이 떠오르고 있는 겁니다.

초속 30만 km로는 1초에 지구를 일곱 바퀴 반을 돌 수 있는 속도이지요. 그야말로 눈이 핵핵 돌아가는 빠르기입니다. '눈 깜짝할 사이'란 말이 생겨난 이유이지요. 그리고 갈릴레이의 실험에 큰 오차가 생길 수밖에 없었고, 우주로 시야를

넓힌 내 실험이 오차를 대폭 줄일 수 있었던 이유이기도 합니다.

그렇습니다. 지구를 넘어서는 순간 광속의 위력은 무참히 꺾여 버립니다. 쉬운 예를 하나 들어 보겠습니다. 태양을 보면 그다지 멀리 떨어져 있는 것 같지 않습니다. 그래서 태양 광선이 금방 도달할 거라고 생각하기가 쉽지요. 그런데 정말 그럴까요?

사고 실험으로 알아보겠습니다.

지구에서 태양까지는 1억 5,000만 km예요.

광속은 30만 km예요.

속도는 거리를 시간으로 나누면 됩니다.

속도 공식을 시간으로 계산해서 정리해 보았어요.

속도 = 거리 ÷ 시간

속도 × 시간 = 거리

시간 = 거리 ÷ 속도

이 식을 이용하면, 빛이 지구에서 태양까지 가는 데

걸리는 시간을 구할 수가 있어요.

거리는 1억 5,000만 km, 속도는 광속을 넣고 계산하면 돼요.

이렇게 말이에요.

1억 5,000만 km ÷ 초속 30만 km = 500초

500초를 분으로 고쳐 보세요.

1분은 60초이니까, 500을 60으로 나누면 8분 20초가 돼요.

8분 20초, 빛이 지구에서 태양까지 가는 데 걸리는 시간이에요.

태양 광선이 지구까지 오는 데 걸리는 시간이기도 해요.

그렇습니다. 태양 광선이 지구까지 날아오는 데 8분 20초가 걸린답니다.

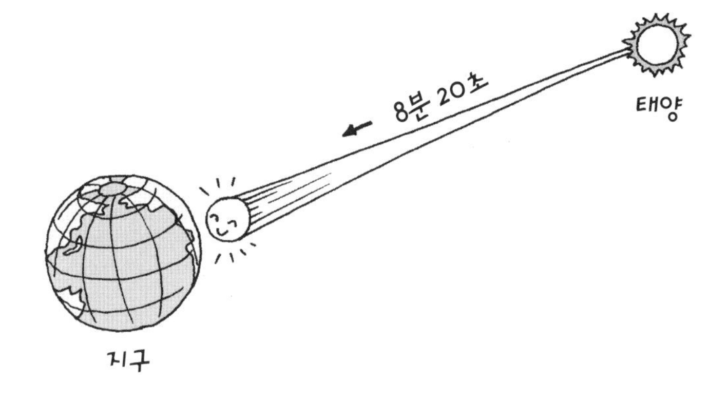

과거의 모습

빛의 속도로 태양까지 가는 데 8분 20초가 걸린다는 사실로부터 흥미진진한 결과를 이끌어 낼 수가 있습니다.

사고 실험을 해 보겠습니다.

광속은 유한해요.
그래서 거리가 멀면 멀수록 도달하는 데 걸리는 시간이 길어져요.
태양 광선이 지구까지 오는 데 8분 20초가 걸리니까
그보다 멀리 떨어져 있는 천체는 더 오래 걸릴 거예요.
예를 들어, 어떤 별이 지구에서 100광년 떨어져 있다고 해 봐요.
빛이 1년 동안 쉼 없이 날아가는 거리가 광년이니,

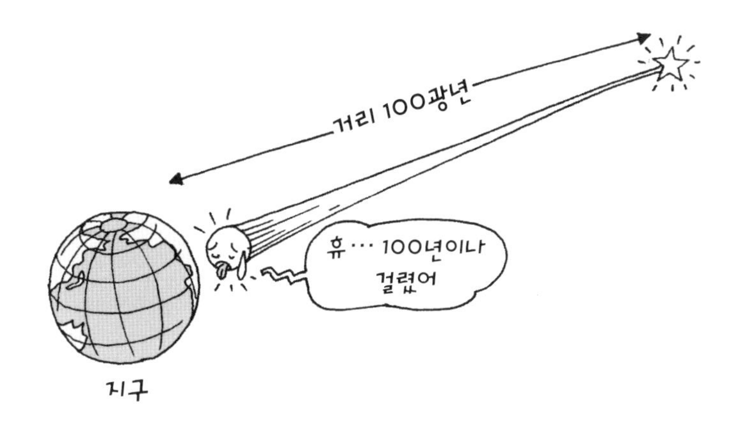

그 별에서 나온 빛이 지구까지 오는 데는 100년이 걸릴 거예요.

100년이 걸린다는 건 100년 전이란 말이에요.

100년 전에 방출한 빛이란 뜻이에요.

이건 우리가 100년 전의 별빛을 본다는 의미예요.

100년 전은 분명 현재가 아니에요.

과거의 불빛인 거예요.

그래요, 우리는 과거의 별을 보는 거예요.

100년 전의 별을 말이에요.

그렇다면 1,000만 광년 떨어져 있는 별이나, 10억 광년 떨어져 있는 별은 1,000만 년 전, 10억 년 전의 모습을 보는 거지요.

그렇습니다. 지구에서는 과거의 별 모습만 볼 수가 있는 겁

니다. 우주에 무수히 떠 있는 별의 현재 상태를 알 길은 없는 겁니다. 별이 폭발 중인지, 이미 폭발해 버렸는지, 아예 사라져 버렸는지를 알 길이 없는 겁니다.

사고 실험을 이어 가겠습니다.

10억 년 전의 모습을 본다는 건, 그 과거의 당시를 본다는 거예요.
그러므로 과거가 어떠했는가를 유추해 볼 수 있는 거예요.
그렇다면 우주 맨 끝에 있는 별은 우주 초창기의 상태를
알려 줄 수 있을 거예요.

맞습니다. 멀리 떨어져 있는 별일수록 과거의 흔적을 더 많이 갖고 있답니다. 천체 물리학자들이 고성능 천체 망원경을 제작해서 가능하면 우주 맨 바깥쪽에 위치한 별들을 보려고 애쓰는 이유입니다.

만화로 본문 읽기

태양을 보면 그다지 멀리 떨어져 있는 것 같지 않아요. 저 산만 넘어가면 도착할 수 있을 것 같아요.
태양 광선이 금방 도달하는 것 같지만, 정말 그럴까요?

지구에서 태양까지는 1억 5천만 km이고, 광속은 30만 km지요. 속도 공식을 시간으로 정리해 보면 이렇게 되지요.
속도 = 거리 ÷ 시간
속도 × 시간 = 거리
시간 = 거리 ÷ 속도

빛이 태양에서 지구까지 오는 데 걸리는 시간은 1억 5천만 km ÷ 초속 30만 km = 8분 20초가 되지요.
그렇군요.
시간 8분 20초!
태양
빛
지구

그러면 태양보다 멀리 떨어져 있는 천체는 더 오래 걸리겠네요. 예를 들어, 어떤 별이 지구에서 100광년 떨어져 있다고 하면 말이에요.
그렇죠. 빛이 1년 동안 날아가는 거리가 광년이니, 그 별에서 나온 빛이 지구까지 오는 데는 100년이 걸릴 거예요.
시간 100년!
거리 100광년
지구

그런데 혹시 100년이 걸린다는 건 100년 전이란 말인가요?
맞아요. 우리가 100년 전의 별빛을 본다는 의미지요. 우리는 지금 100년 전에 방출한 과거의 별의 불빛을 보는 거지요.
내가 지금의 나로 보이니?

10억 광년 떨어져 있는 별을 통해 10억 년 전의 모습을 유추해 볼 수 있겠지요. 그렇다면 우주 맨 끝에 있는 별은 우주 초창기의 상태를 알려 줄 수 있을 거예요.
우주는 정말 경이롭네요.
우주의 초창기 상태
100억 광년 떨어진 별
10억 광년 떨어진 별
지구

아 홉 번 째 수 업

9

아인슈타인의 광속

상대성 이론과 광속 일정의 원리,
광속과 길이, 광속과 질량은 어떤 관계가 있을까요?

9

아홉 번째 수업

아인슈타인의 광속

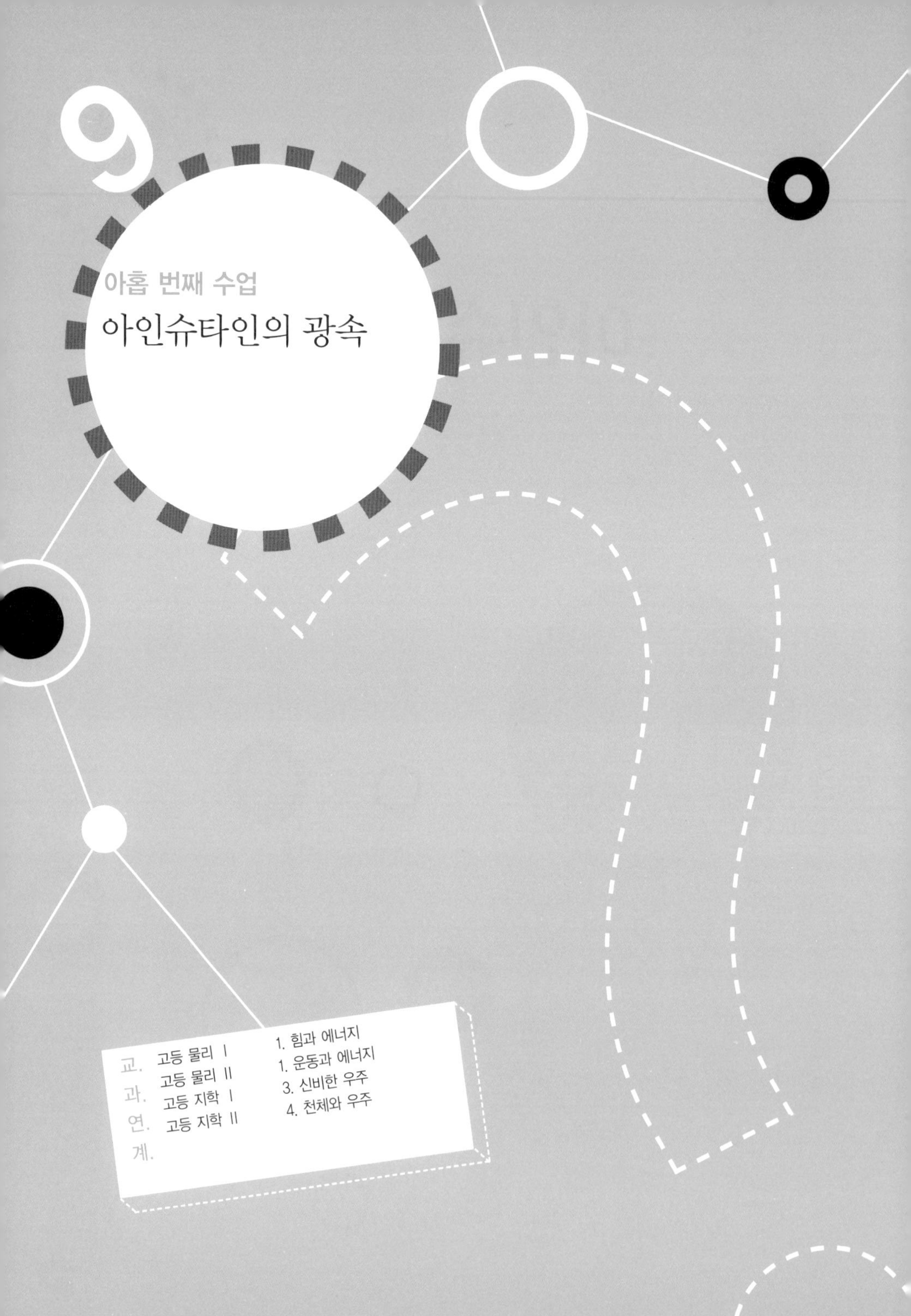

교. 과. 연. 계.

고등 물리 I	1. 힘과 에너지
고등 물리 II	1. 운동과 에너지
고등 지학 I	3. 신비한 우주
고등 지학 II	4. 천체와 우주

뢰머가 아인슈타인에 대한 이야기로 아홉 번째 수업을 시작했다.

한계 속도와 광속 일정의 원리

아인슈타인(Albert Einstein, 1879~1955)은 속도의 한계를 광속으로 정했습니다.

한계 속도 : 광속 30만 km

즉, 빛보다 더 빨리 달리는 건 없다고 주장한 것입니다. 그러면서 아인슈타인은 진공 중에서 광속은 변하지 않는다고 말

했습니다. 이것을 광속 일정의 원리 또는 광속 불변의 원리라고 하지요.

광속 일정의 원리(광속 불변의 원리) : 빛은 진공 중에서 초속 30만 km의 속도를 유지한다.

한계 속도와 광속 일정의 원리는 아인슈타인의 특수 상대성 이론을 탄탄히 구축하는 큰 축이랍니다.

상대성 이론의 속도 더하기

1+1은 2이고, 1+2는 3이고, 1+3은 4가 되지요. 그러나 아인슈타인은 이러한 덧셈법이 특수 상대성 이론에서는 반드시 통용되는 건 아니라고 말합니다. 무엇이 이러한 예에 해당하는지 사고 실험으로 알아보겠습니다.

고속 전철이 시속 300km로 달리고 있어요.

고속 전철 안에 참새 1마리가 앉아 있어요.

참새가 날기 시작해요.

고속 전철이 이동하는 쪽과 같은 방향으로요.

참새의 나는 속도는 시속 10km예요.

나는 고속 전철 밖에 서 있어요.

나에게 참새는 얼마의 속도로 나는 것처럼 보일까요?

참새는 시속 310km로 나는 것처럼 보입니다. 고속 전철의 속도인 시속 300km에 참새의 속도인 시속 10km를 더하면, 시속 310km가 되거든요.

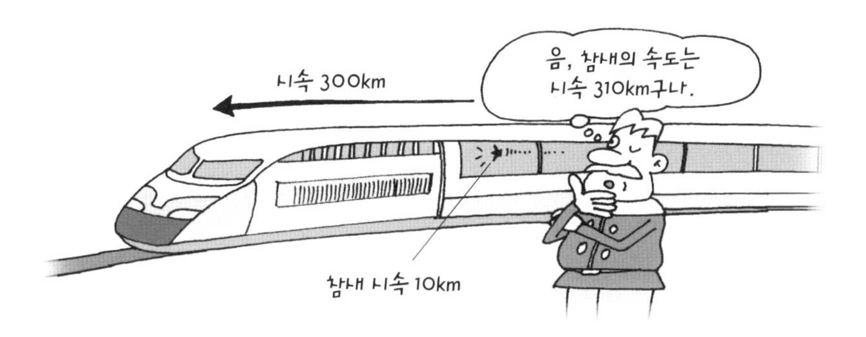

이러한 속도 계산법을 고전적 속도 계산법이라고 합니다. 이것이 틀리지 않다는 걸 우리는 에스컬레이터를 통해서 쉽게 확인할 수가 있습니다.

사고 실험을 하겠습니다.

에스컬레이터가 시속 2km로 움직이고 있어요.

내가 에스컬레이터에 올라 탔어요.

나는 움직이지 않고 있어요.

그래서 내 속도는 에스컬레이터와 같은 시속 2km예요.

한 여자가 껑충껑충 걸으면서 내 옆을 지나고 있어요.

그녀는 시속 1km로 걷고 있어요.

그녀는 나(에스컬레이터)보다 빠른 시속 3km로 움직이는 거예요.

걷는 속도 1km에다 에스컬레이터의 속도 2km를 더한 결과예요.

그녀가 결국 나를 앞질러 가요.

이처럼 고전적 속도 계산법은 우리의 상식적인 판단을 벗어나지 않습니다. 그렇다면 고속 전철에 탄 참새를 빛으로 바꾸면 어떻게 될까요?

사고 실험을 이어 가겠습니다.

고속 전철이 시속 300km로 달리고 있어요.

한 승객이 전등을 꺼내서 고속 전철이 움직이는 방향으로 불을 비추어요.

전등불이 광속으로 내달려요.

전등불도 빛이니까요.

고속 전철 밖에 서 있는 나에게 전등불은 얼마의 속도로 움직이고 있는 것처럼 보일까요?

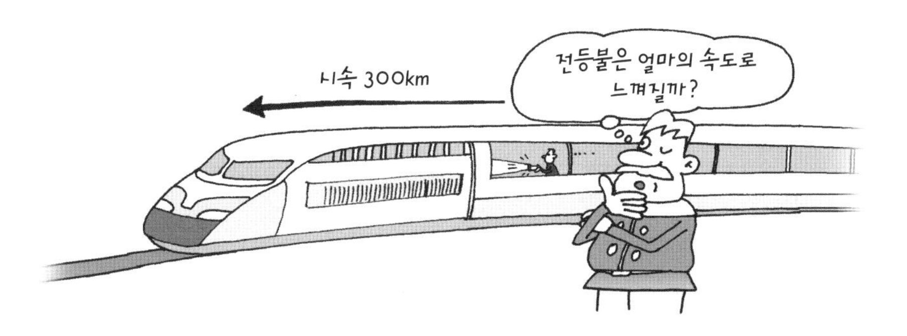

고전적 속도 계산법에 따르면, 전등불은 고속 전철과 광속을 더한 속도로 움직여야 합니다. 30만 300km로 말이에요.

그런데 아인슈타인은 그렇게 되지 않는다고 말합니다. 왜냐하면 이 세상에서 가장 빠른 것은 광속이기 때문이지요. 즉, 어떠한 것도 광속을 넘을 수가 없기 때문입니다. 그래서 전등불은 고속 전철의 속도를 덤으로 얻지 못하게 되고, 그냥 광속으로 움직이는 것처럼 보이게 된답니다.

고전적 속도 계산법과 아인슈타인의 상대론적 속도 계산법을 정리해 보면 다음과 같습니다.

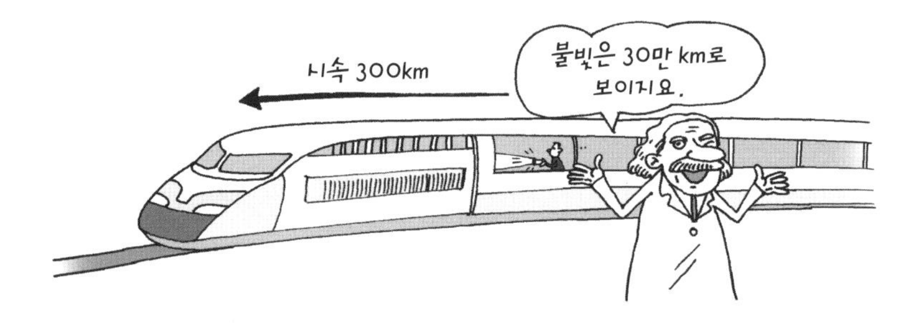

고전적 속도 계산법: 고속 전철의 속도 + 참새의 속도

= 고속 전철의 속도 + 참새의 속도

아인슈타인의 상대론적 속도 계산법: 고속 전철의 속도 + 광속

= 광속

광속에 가까워지면 1

아인슈타인은 광속에 가까워지면 길이가 줄어든다고 말합니다. 하지만 길이가 아무 쪽으로나 줄어드는 것은 아닙니다. 움직이는 쪽으로만 길이가 수축하지요. 이것을 로렌츠-피츠제럴드 수축 현상이라고 합니다.

사고 실험을 하겠습니다.

우주선 1과 우주선 2가 출발해요.

우주선 1은 초속 18만 km, 우주선 2는 초속 29만 9,850km로 달려요.

우주선 1이 줄어들어요.

우주선 2는 더 줄어들어요.

우주선 1보다 더 빨리 움직이기 때문이에요.

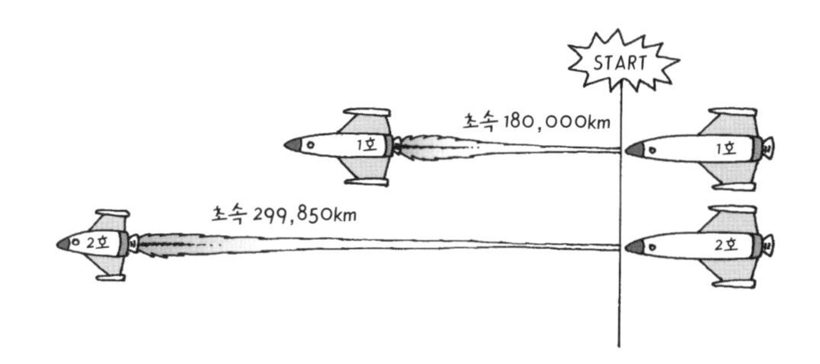

초속 18만 km는 광속의 0.6배이고, 초속 29만 9,850km는 광속의 0.9995배예요. 이러한 속도로 비행하면, 우주선 1은 원래 길이의 0.8배, 우주선 2는 원래 길이의 0.03배로 줄어들게 됩니다. 예를 들어, 우주선의 원래 길이가 100m라고 하면, 우주선 1은 80m, 우주선 2는 3m로 수축하는 겁니다.

사고 실험을 계속하겠습니다.

우주선 1에 타고 있는 뚱보는 홀쭉해졌다고 좋아할까요?

다이어트를 안 해도 된다면서요?

그렇지가 않아요.

우주선 1에 타고 있는 뚱보는 자신이 홀쭉해졌다는 걸 몰라요.

뚱보만 줄어든 게 아니기 때문이에요.

우주선 1뿐만 아니라, 그 안에 있는 모든 것이 함께 줄어드는 거예요.

다 같이 똑같은 비율로 줄어드니, 자신이 수축했다는 걸 알 수 없는 거예요.

우주선 1이 줄어들었다는 건 밖에서 관찰하는 사람만이 인식할 수 있어요.

우주선 2도 마찬가지예요.

다만, 우주선 2는 더 많이 줄어든다는 게 다를 뿐이에요.

자르거나 압축한 것도 아니고 그저 빠르게 달린 것뿐인데, 길이가 짧아지다니! 아인슈타인이라는 희대의 천재만이 해낼 수 있는 걸출한 상상의 역작입니다.

광속에 가까워지면 2

아인슈타인은 광속에 가까워지면 질량이 무거워진다고 말합니다. 사고 실험을 하겠습니다.

은하 철도 1과 은하 철도 2가 출발해요.
은하 철도 1은 초속 18만 km,
은하 철도 2는 초속 29만 9,850km로 움직여요.
은하 철도 1이 무거워져요.
은하 철도 2는 더 무거워져요.
은하 철도 2가 더 빨리 움직이기 때문이에요.

초속 18만 km, 초속 29만 9,850km의 속도로 내달리면, 은하 철도 1은 원래 질량의 1.25배로 무거워지고, 은하 철도 2는 원래 질량의 31.63배로 무거워지게 됩니다. 예를 들어 은

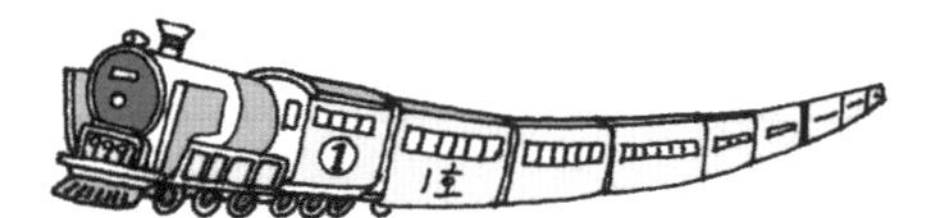

무게 100톤 은하 철도 1-정지 시 100톤

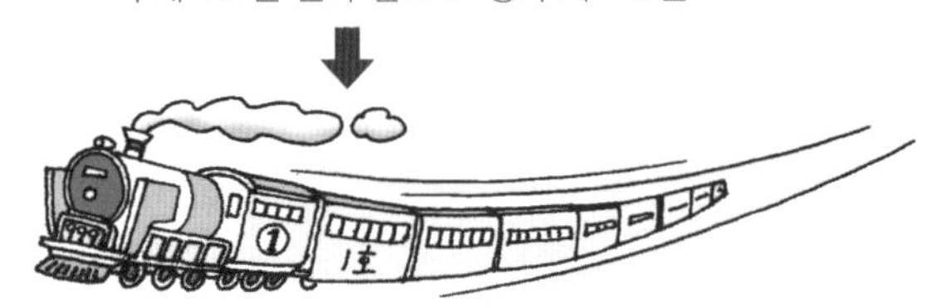

무게 100톤 은하 철도 1-초속 18만 km 시 125톤

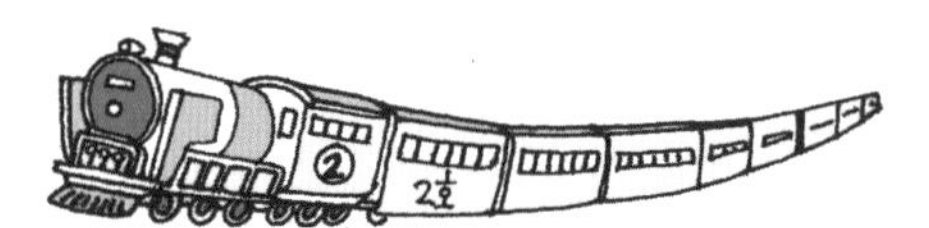

무게 100톤 은하 철도 2-정지 시 100톤

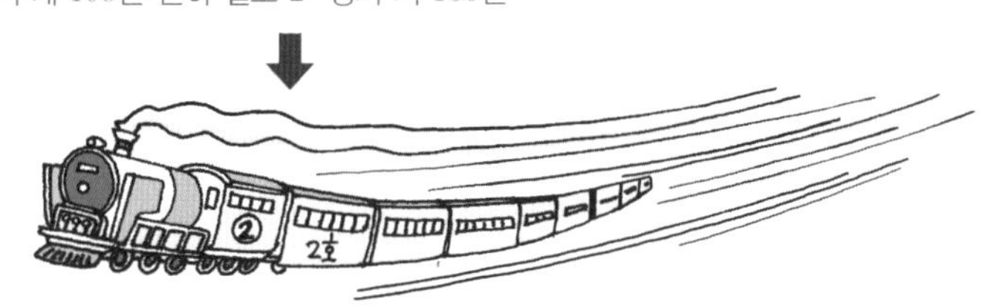

무게 100톤 은하 철도 2-초속 29만 9,850km 시 3,163톤

하 철도의 원래 질량이 100톤이라고 하면, 은하 철도 1은 125톤, 은하 철도 2는 3,163톤으로 무거워지는 겁니다.

사고 실험을 계속 하겠습니다.

은하 철도 1에 탄 마른 사람은 몸무게가 늘었다고 좋아할까요?

애써 살찌려고 하지 않아도 된다면서요?

그렇지가 않아요.

은하 철도 1에 탄 마른 사람은 자신이 무거워졌다는 걸 몰라요.

그 사람만 무거워진 게 아니기 때문이에요.

은하 철도 1 속에 있는 모든 것이 함께 무거워져요.

모두 똑같은 비율로 무거워지니,

몸무게가 늘었다는 걸 알 수 없는 거예요.

은하 철도 1이 무거워졌다는 건

밖에서 관찰하는 사람만이 인식할 수 있어요.

은하 철도 2도 마찬가지예요.

다만, 은하 철도 2가 더 무거워진다는 게 다를 뿐이에요.

물체를 더한 것도 아니고 그저 고속으로 달리기만 한 건데, 무거워지다니! 아인슈타인 이전에는 그 누구도 생각해 내지 못한 발상이랍니다.

광속에 가까워지면 3

아인슈타인은 광속에 가까워지면 시간이 느리게 간다고 말합니다.

사고 실험을 하겠습니다.

우주 비행선 1과 우주 비행선 2가 출발해요.
우주 비행선 1은 초속 18만 km,
우주 비행선 2는 초속 29만 9,850km로 날아가요.
우주 비행선 1에 걸어 놓은 시계가 천천히 흘러가요.
우주 비행선 2에 걸어 놓은 시계는 더 천천히 흘러가요.
우주 비행선 2가 더 빨리 날고 있기 때문이에요.

초속 18만 km, 초속 29만 9,850km의 속도로 내달리면, 우주 비행선 1은 지구 시간보다 1.25배, 우주 비행선 2는 지구 시간보다 31.63배 천천히 느리게 갑니다. 그러니까 우주 비행선 1에서는 1시간이라고 느끼는 시간을 지구에서는 1.25시간이라 생각하고, 우주 비행선 2에서는 1시간이 흘렀다고 느끼는 시간을 지구에서는 31.63시간이 지났다고 생각하는 겁니다.

사고 실험을 이어 가겠습니다.

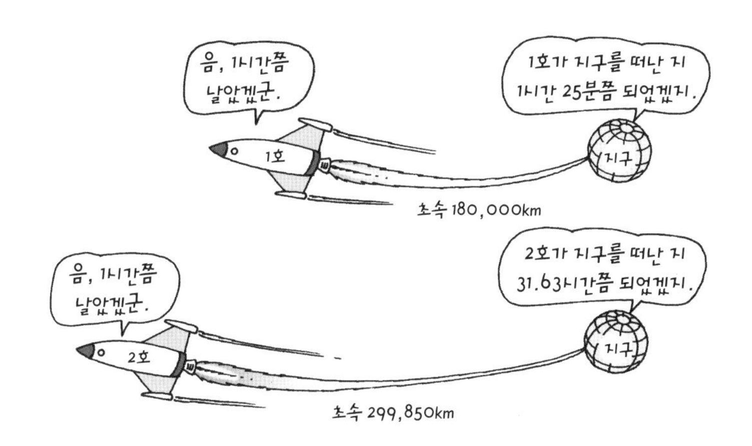

우주 비행선 1에 탑승한 사람은 시간이 느리게 간다고 좋아할까요?

나이를 천천히 먹는다면서요?

그렇지 않을 수도 있고, 그럴 수도 있어요.

그렇지 않을 수 있는 건,

그가 시간이 늦게 간다는 걸 인식할 수 없기 때문이에요.

그리고 그럴 수 있는 건,

그가 지구로 돌아오면 변화를 실감할 수 있기 때문이에요.

광속 우주선을 탄 탑승객이 지구로 돌아온 상황을 멋지게 표현한 이야기가 쌍둥이 역설입니다. 이에 대해서는 본 시리즈의 26권 《치올콥스키가 들려주는 우주 비행 이야기》의 열 번째 수업을 참고하세요. 우주 비행선 2에 탑승한 사람은 더 느리게 가는 시간을 경험하게 됩니다.

시간이 변한다는 건, 아인슈타인 이전에는 감히 상상도 할 수 없는 일이었습니다. 아인슈타인의 위대함에 절로 고개가 숙여집니다.

만화로 본문 읽기

나는 빛보다 더 빨리 달리는 건 없다고 보고 속도의 한계를 광속 30만 km로 정했지요. 이것을 '광속 일정의 원리' 또는 '광속 불변의 원리'라고 하지요.
그렇군요.

한계 속도와 광속 일정의 원리는 나의 특수 상대성 이론을 탄탄히 구축하는 큰 축이지요.
상대성 이론에 대해서 조금 더 알려 주세요.
특수 상대성 이론
한계 속도
광속 일정의 원리

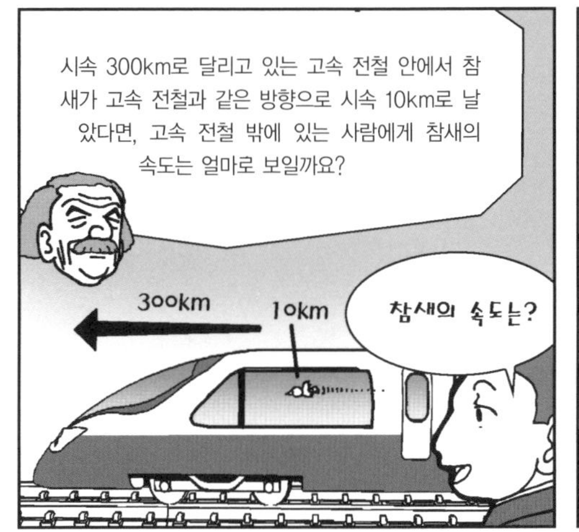

시속 300km로 달리고 있는 고속 전철 안에서 참새가 고속 전철과 같은 방향으로 시속 10km로 날았다면, 고속 전철 밖에 있는 사람에게 참새의 속도는 얼마로 보일까요?
300km
10km
참새의 속도는?

고속 전철의 속도인 시속 300km에 참새의 속도인 시속 10km를 더하면, 시속 310km가 되겠네요.
맞아요. 이러한 속도 계산법을 '고전적 속도 계산법'이라고 해요. 그렇다면 이번엔 고속 전철에 탄 참새를 빛으로 바꾸면 어떻게 될까요?

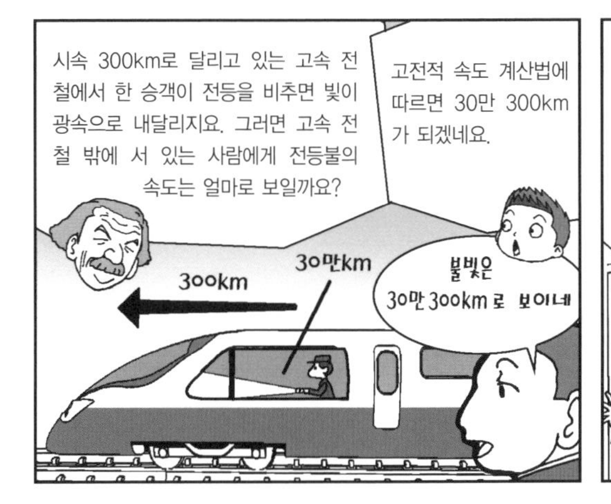

시속 300km로 달리고 있는 고속 전철에서 한 승객이 전등을 비추면 빛이 광속으로 내달리지요. 그러면 고속 전철 밖에 서 있는 사람에게 전등불의 속도는 얼마로 보일까요?
고전적 속도 계산법에 따르면 30만 300km가 되겠네요.
300km
30만km
불빛은 30만 300km로 보이네

그러나 이번엔 그렇지 않아요. 왜냐하면 이 세상에서 광속이 가장 빠르기 때문이지요. 그래서 전등불은 고속 전철의 속도를 덤으로 얻지 못하고, 그냥 광속으로 움직이는 것처럼 보이게 되지요. 이것은 나의 상대론적 속도 계산법이에요.
아~, 그렇군요!

마 지 막   수 업

광속보다 빠른 입자

광속보다 빠른 입자가 존재할까요?
과거와 미래로 오가는 시간 여행은 할 수 있을까요?

마지막 수업

광속보다 빠른 입자

교과 연계		
교. 과. 연. 계.	고등 물리 I	1. 힘과 에너지
	고등 물리 II	1. 운동과 에너지
	고등 지학 I	3. 신비한 우주
	고등 지학 II	4. 천체와 우주

뢰머가 조금 아쉬운 표정으로
마지막 수업을 시작했다.

타키온

아인슈타인은 이렇게 말했습니다.

"진공 중에서는 절대 광속 이상으로 빨라질 수 없다."

"광속에 가까워질수록 여러 신기한 현상이 나타난다."

아인슈타인의 이러한 예측은 모두 사실임이 확인되었습니다. 그렇다면 이렇게 묻지 않을 수 없습니다.

"광속보다 빨라질 수는 없는 걸까요?"

아인슈타인은 이러한 물음에 대해 단호하게 말합니다.

"그렇습니다."라고.

그러나 광속 이상으로 내달릴 수 있는 입자가 있을 거라고 주장하는 과학자들도 있답니다. 이들은 이러한 입자를 타키온(tachyon)이라고 부릅니다. 타키온은 '빠르다'라는 뜻의 그리스어 타키스(tachys)에서 따온 이름입니다.

타키온 전화의 역설

그들은 왜 타키온을 꿈꾸는 걸까요?

다음의 가상 상황을 생각해 보겠습니다.

진아와 진경이는 친자매예요.

진아는 달 기지에 있고,

진경이는 달에서 10억 광년 떨어진 베타-215834 행성에 있어요.

진아가 진경이에게 전화를 걸어요.

진경이와 진아가 나눈 이 대화는 우리가 익히 경험하는 일상적인 흐름 그대로입니다. 진아와 진경이가 주고받는 말을 시간적 흐름으로 나누면 이렇게 됩니다.

① 언니, 그곳은 날씨가 어때?

② 지구에 있는 것 같아.

③ 나도 곧 갈게, 언니.

④ 그래, 빨리 와.

진아와 진경이가 이런 순서대로 말하는 건 우리가 익히 익숙해 있는 시간의 흐름을 그대로 좇는 것입니다.

사고 실험을 하겠습니다.

타키온이란 입자가 있다고 가정해 보아요.

타키온은 빛보다 더 빨리 움직여요.

타키온 1은 타키온 2보다 느리고, 타키온 2는 타키온 3보다 느리고, 타키온 3은 타키온 4보다 느려요.

타키온 1은 대화 ①, 타키온 2는 대화 ②, 타키온 3은 대화 ③, 타키온 4는 대화 ④를 전송해요.

타키온 2가 타키온 1보다 빠르니 대화 ②가 대화 ①보다 먼저 도착해요.

타키온 3이 타키온 2보다 빠르니 대화 ③이 대화 ②보다 먼저 도착해요.

타키온 4가 타키온 3보다 빠르니 대화 ④가 대화 ③보다 먼저 도착해요.

대화가 도착하는 순서는 ④가 가장 먼저이고, 다음이 ③이고, 그다음은 ②이고, 마지막이 ①이에요.

그렇습니다. 대화가 도착하는 순간은 이렇게 되는 겁니다.

④ 그래, 빨리 와.

③ 나도 곧 갈게, 언니.

② 지구에 있는 것 같아.

① 언니, 그곳은 날씨가 어때?

가장 먼저 나눈 대화가 가장 늦게 도착하고, 가장 나중에 나눈 대화가 가장 먼저 도착하는 기상천외한 사건이 발생하는 겁니다. 이걸 타키온 전화의 역설이라고 합니다.

과거와 미래를 마음대로

빛보다 빨리 달리는 입자를 가상하니, 타키온 전화의 역설이 생겼습니다. 시간상 앞뒤의 순서가 뒤바뀐 겁니다. 앞은 원인, 뒤는 결과라고 하는데, 여기서 간단한 예를 하나 생각해 보겠습니다.

해변에서 빛을 쪼였어요.
피부가 검게 타고, 벗어지기까지 했어요.

왜 피부가 검게 타고 벗어졌지요?

그래요, 빛을 쪼였기 때문입니다. 즉, 빛을 쪼인 것이 원인이 되어서, 피부가 검게 타고 벗어지는 결과가 나타난 겁니다. 이처럼 원인은 늘 앞에 있고, 결과는 항상 뒤에 있는 게 우리가 경험하는 현실입니다. 이걸 '인과(因果)의 법칙'이라고

합니다.

그런데 타키온 전화의 역설은 이러한 인과의 법칙을 깨뜨린 겁니다. 원인 없이도 결과가 앞에 나오고, 결과는 이미 나왔는데 원인이 뒤따르는 겁니다. 이건 달리 말하면, 미래나 과거로 마음대로 왔다 갔다 할 수 있다는 말이기도 합니다.

이와 같은 별천지 세상을 맛볼 수 있기 때문에 타키온을 좇는 과학자들이 있는 겁니다. 타키온이 있는 게 좋은 건지 없는 게 좋은 건지, 나는 잘 모르겠습니다.

여러분 생각은 어떤가요?

만화로 본문 읽기

드디어 광속을 뛰어넘는 우주선을 만들어 냈습니다. 이제 세상은 지금까지와는 완전히 달라지게 될 것입니다.
1호
그게 무슨 말씀입니까?

이 우주선은 타키온 입자를 이용한 우주선이에요. 타키온 입자란 광속 이상으로 내달릴 수 있는 입자라고 하여 빠르다는 뜻의 그리스어 타키스란 말에서 따온 이름이죠. 그럼, 이 우주선을 타게 되면 어떤 일이 벌어질까요?

우선 제가 이 타키온 1호에 선물을 실어 저 멀리 어떤 행성의 친구에게 보냈다고 가정을 해 봅시다.

지구로
옙!!
2호
빠라
빠라
빠라밤
선물을 받자마자 저에게 고맙다는 편지를 타키온 2호에 실어서 보내게 됩니다. 그럼 어떻게 될까요?

그런데 그 행성엔 타키온 1호보다 빠른 타키온 2호가 있어요.
행성
1호
지구

어, 이런 타키온 2호가 먼저 도착했군요. 제 선물은 지금 가고 있는데 말입니다.
편지요!!
지구

우리가 경험하는 현실은 원인 다음에 결과가 나타나게 되어 있죠. 하지만 빛보다 빠른 타키온에 의해서는 원인과 결과의 순서가 바뀌어 버리는 일이 벌어지게 되는데, 이것을 타키온 전화의 역설이라고 합니다.

과학자 소개

빛의 속도를 최초로 계산한 뢰머Ole Christensen Rømer, 1644~1710

뢰머는 덴마크의 천체 물리학자입니다. 1662년 코펜하겐 대학교에 입학했고, 복굴절을 발견한 바르톨린의 도움으로 브라헤의 전기를 편집하는 일을 맡았습니다.

1671년 장 피카르가 코펜하겐 대학교를 방문했을 때 뢰머가 그를 안내했는데, 그것이 인연이 되어 1672년 파리의 왕립 천문대로 초청을 받고 아카데미 회원이 되었습니다.

뢰머는 파리에서 1675년부터 목성의 위성인 이오를 관측하면서, 지구가 목성에 가까워질 때와 멀어질 때 시간 차이가 생긴다는 것을 발견하고, 이것이 빛의 속도가 유한하기 때문이라고 보았습니다. 그러고는 빛의 속도를 측정하여

1676년에 논문으로 발표하였습니다.

뢰머는 1679년에는 영국으로 가서 당대의 최고 학자인 뉴턴(고전 물리학의 완성자), 플램스티드(그리니치 천문대 초대 대장), 핼리(핼리 혜성의 발견자)와 같은 유명 인사들을 만나는 기쁨을 맛보았습니다.

1681년에 덴마크로 돌아와서는 코펜하겐 대학교의 교수와 천문대 대장을 맡았습니다. 그때 그는 자오환이나 적도의 등을 고안하기도 했습니다. 1704년에는 코펜하겐 인근에 천문대를 세워 많은 관측을 했습니다. 하지만 1728년에 발생한 코펜하겐 화재로 관측 자료가 모두 사라져 버렸습니다.

1705년에는 코펜하겐의 시장을 지냈고, 1707년에는 의회 의장을 맡는 등 여러 가지 활동을 하다가 1710년 코펜하겐에서 생을 마감하였습니다.

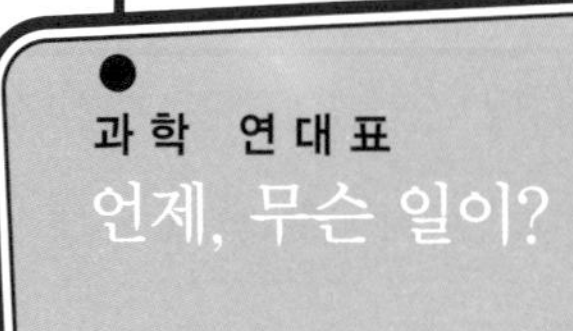

과학사		세계사
헤론 헤론의 분수와 삼각형의 면적을 구하는 '헤론의 공식' 발견	1세기	로마 대화재 발생, 방화죄로 기독교인 박해
뢰머 광속 측정	1676	인노첸시오 11세, 240대 로마 교황 취임
피조 고속으로 회전하는 톱니바퀴를 이용하여 광속 측정	1849	네덜란드 인, 일본에 종두법 소개
푸코 회전하는 거울을 사용하여 광속 측정	1869	미국, 대륙 횡단 철도 개통
마이컬슨과 몰리 간섭계 사용하여 광속 측정	1879	독일과 오스트리아 동맹 선언

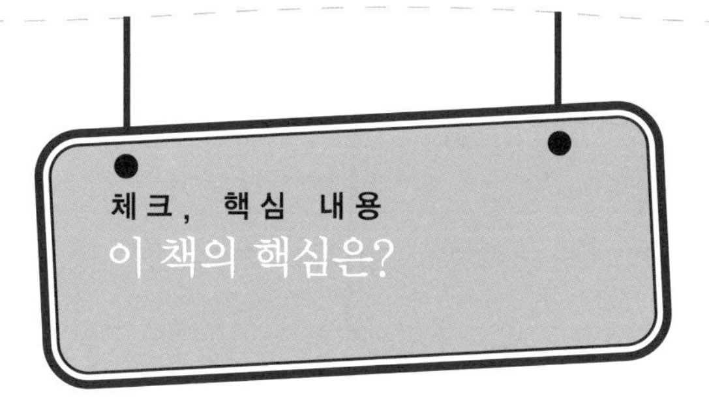

1. 빛은 1초 동안에 □□□km를 날아갈 수 있습니다.
2. 목성 둘레를 공전하는 4개의 갈릴레이 위성은 유로파, 가니메데, 칼리스토, □□입니다.
3. 천동설에 따르면 천체가 □□의 둘레를 공전해야 합니다.
4. 광속이 진공 중에서 초속 30만 km로 움직인다는 것을 최초로 증명한 과학자는 영국의 물리학자 □□□입니다.
5. 빛으로 태양까지 가는 데 □분 20초가량이 걸립니다.
6. 지구에선 별의 □□ 모습만 볼 수 있습니다.
7. 광속에 가까워지면서 길이가 줄어드는 것은 □□□-□□□□□ 수축 현상이라고 합니다.
8. 광속보다 빨리 달리는 입자는 □□□입니다.

1. 30만 2. 이오 3. 지구 4. 맥스웰 5. 8 6. 과거 7. 로렌츠-피츠제럴드 8. 타키온

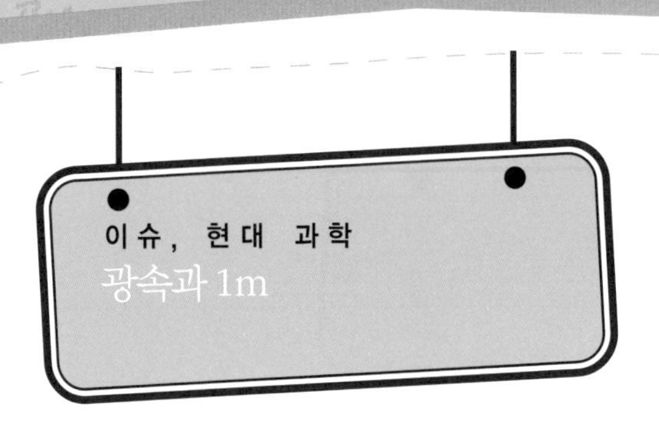

1789년에 프랑스 대혁명이 일어났습니다. 혁명 세력은 국가의 새로운 틀을 마련하기 위해, 단위를 통일해야 한다고 보았습니다. 당시의 프랑스는 단위가 통일되지 않아서 불편한 점이 많았습니다.

그래서 혁명 정부는 미래에도 영원히 변치 않을 단위를 만들자는 데 의견 일치를 보았습니다. 그 첫 시도로 실행한 것이 1m를 어떻게 잡느냐 하는 것이었고, 프랑스 과학 아카데미가 그 일을 맡아서 진행했습니다.

하지만 작업은 그리 간단치가 않았습니다. 1초에 1번 왕복운동하는 추시계를 만들어서 시계추를 매단 실의 길이를 1m로 삼자, 지구의 적도 둘레를 기준으로 정하자 등등의 갖가지 제안들이 쏟아져 나왔습니다.

프랑스 과학 아카데미는 지구의 자오선을 기준으로 삼기로 결정했습니다. 북극에서 남극까지의 2천만 분의 1(또는 북극에서 적도까지의 1천만 분의 1)을 1m로 택하기로 한 것입니다. 프랑스 과학 아카데미는 6여 년 동안 북극에서 적도까지를 세밀히 측정하고 그 거리의 1천만 분의 1을 1m로 정했습니다.

단위는 언제 어느 때 누가 재더라도 값이 늘 같아야 합니다. 그런데 후에 다시 자오선의 길이를 재 보았더니 값이 달라졌습니다.

그래서 새로운 대안으로 고른 것이 '원자의 파장'이었습니다. 크립톤 원자의 오렌지색 파장의 1,650,763,730배를 1m로 정한 것입니다. 크립톤 파장은 자오선보다 정확했고 이용하기도 쉬었습니다.

그러나 나날이 발전하는 과학을 받쳐 주기에 그것으론 충분하지 않았습니다. 한 치의 오차도 허용하지 않고 보다 쉽게 사용할 수 있는 기준이 필요했습니다.

이런 기준에 딱 맞는 것이 빛이었고, 1m는 빛이 진공에서 299,792,458분의 1초만큼 지나간 길이로 정했습니다. 이렇게 해서 광속이 1m의 기준이 되었습니다.

찾 아 보 기

어디에 어떤 내용이?